Axel Gutjahr

Pflegeleichte Langohren

Stallkaninchen **artgerecht** halten

Foto: Fotolia.com/lightpoet

Axel Gutjahr

Pflegeleichte Langohren

Stallkaninchen **artgerecht** halten

LANDLEBEN

Haftungsauschluss
Autor und Verlag haben den Inhalt dieses Buches mit großer Sorgfalt und nach bestem Wissen und Gewissen zusammengestellt. Für eventuelle Schäden an Mensch und Tier, die als Folge von Handlungen und/oder gefassten Beschlüssen aufgrund der gegebenen Informationen entstehen, kann dennoch keine Haftung übernommen werden.

Impressum

LANDLEBEN im CADMOS Verlag

Layout: www.ravenstein2.de
Gestaltung und Satz: Pinkhouse Design, 1140 Wien
Lektorat: Stéphanie Kniest

Coverfoto: Shutterstock.com / Lightpoet
Fotos im Innenteil: Axel Gutjahr, Benno Müller, Fotolia.com
Zeichnungen und Grafiken: Axel Gutjahr, Benno Müller, Ina Müller

Druck: Graspo CZ, a.s., Zlín

Deutsche Nationalbibliothek – CIP-Einheitsaufnahme
Die Deutsche Nationalbibliothek verzeichnet diese Publikation in der Deutschen Nationalbibliografie; detaillierte bibliografische Daten sind im Internet über http://dnb.ddb.de abrufbar.

Printed in Czech Republic

ISBN: 978-3-8404-3040-4

Inhalt

Einleitung

Gegenwärtig erfreut sich die Eigenversorgung mit pflanzlichen und tierischen Erzeugnissen großer Beliebtheit. Ergänzend zu der Bewirtschaftung eines Gartens, in dem der Abbau von gesundem Obst und Gemüse erfolgt, halten auch zahlreiche Menschen kleine Nutztiere, wie etwa Schafe, Hühner und Hauskaninchen. Mit deren Erzeugnissen lässt sich ein Teil des täglichen Bedarfs an Lebensmitteln decken. Gleichzeitig hat man die Gewähr, dass diese Produkte sehr hochwertig, in der Zusammensetzung ihrer Inhaltsstoffe unbedenklich und außerdem extrem frisch sind.

Die Gründe, weshalb sich Menschen zur Haltung von Hauskaninchen entschließen, können sehr unterschiedlich sein. Manchmal vermischen sich dabei pragmatisch-ökonomische Überlegungen mit hobbymäßigen Aspekten. Beispielsweise wollen viele Kaninchenhalter nicht nur gesundes, hochwertiges Fleisch sowie Felle erzeugen, sondern auch Spaß am Umgang mit ihren Tieren haben. Hinzu kommt, das sie ihre Kaninchen vermehren und deren artspezifische Verhaltensweisen gründlicher kennenlernen möchten. Dabei kommt es vielen Tierfreunden sehr entgegen, dass für die Haltung von Kaninchen relativ wenig Stallfläche erforderlich ist.

Außerdem trägt die Verwertung des Kaninchenfleisches zur Entlastung der Haushaltskasse bei, und gleichzeitig lassen sich viele Reste, die ständig in der Küche und im Garten anfallen, als Futter verwenden.

Fast jeder Kaninchenhalter weiß auch den Mist zu schätzen, den seine Tiere liefern, weil sich dieser als Dünger für den Garten eignet.

Foto: Axel Gutjahr

Foto: Fotolia.com/z10e

Stallhasen – eine irritierende Bezeichnung

Umgangssprachlich werden Hauskaninchen oft Karnickel, Hasen oder Stallhasen genannt. Die beiden letzten Bezeichnungen führen allerdings bei Unkundigen immer wieder zu Missverständnissen, weil sie glauben, dass Hasen und Kaninchen sehr eng miteinander verwandt seien. Derartige Fehlinterpretationen werden noch durch den Fachbegriff „Häsinnen" verstärkt, der in Züchterkreisen für erwachsene weibliche Kaninchen üblich ist. Es ist aber so, dass Wildkaninchen und Feldhasen trotz ihres ähnlichen Aussehens 2 eigenständige Arten verkörpern, die außerdem unterschiedlichen Gattungen angehören.

Der Feldhase, *Lepus europaeus*. (Foto: Fotolia.com/Erni)

Nicht minder irritierend ist auch die Rassebezeichnung des „Hasenkaninchens". Bei diesen Tieren handelt es sich nicht etwa um Kreuzungsexemplare aus Hasen und Kaninchen, sondern um eine anerkannte Hauskaninchenrasse, die lediglich in ihrem Erscheinungsbild an einen Hasen erinnert.

Fälschlicherweise sind auch viele Menschen der Meinung, dass sowohl (Wild-)-Kaninchen als auch Feldhasen Vertreter aus der Ordnung der Nagetiere seien. Doch Hasen und Kaninchen gehören der Ordnung der Hasenartigen an und sind somit keine "Nagetiere" im engeren Sinne.

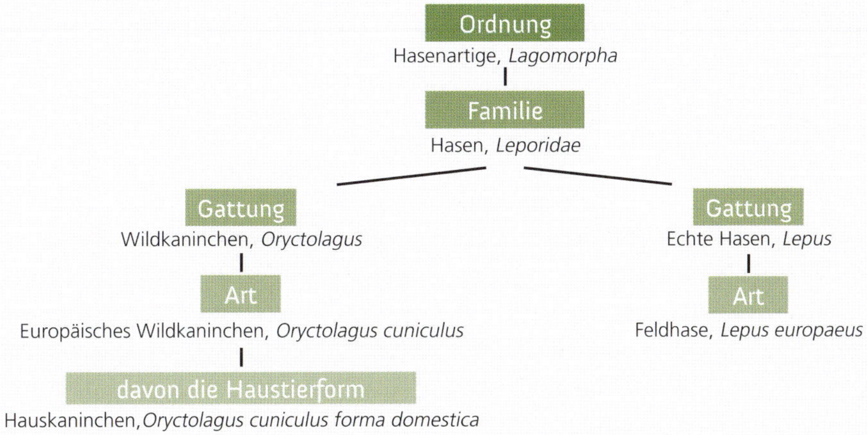

Die verwandtschaftlichen Verhältnisse zwischen Hasen und Kaninchen.

Die Nachkommen von Südwesteuropäern

Die Stammform aller Hauskaninchenrassen ist das Wildkaninchen, *Oryctolagus cuniculus*, dessen Fell eine graubräunliche Färbung hat. Das ursprüngliche Verbreitungsgebiet dieses Tieres erstreckte sich über die Iberische Halbinsel sowie Teile des heutigen Südfrankreichs und Nordafrikas.

Im Mittelalter begannen Mönche, Wildkaninchen zu fangen, um diese anschließend zu zähmen und zu vermehren. Allerdings benötigte dieser Prozess einige Zeit, denn die Wildkaninchen waren zunächst sehr bissig und extrem scheu.

Nachdem die Mönche die Wildheit und Scheu bei den Kaninchen weitgehend weggezüchtet hatten, richteten sie das Augenmerk auf die Fellfärbung ihrer Tiere. Sie selektierten diejenigen Exemplare aus den Beständen heraus, die in ihrer Fellfärbung von den übrigen Kaninchen abwichen. Diese „Abweichler" wurden miteinander gepaart. Die Fellfärbungen von deren Nachkommen unterzogen die Mönche erneut einer kritischen Begutachtung. Es folgten weitere Selektionen, bei denen wiederum die besten Abweichler ausgelesen wurden. Auf diese Weise entstanden allmählich Kaninchen mit völlig neuen Fellfärbungen.

Eine umfangreichere Rassezucht setzte bei den Kaninchen allerdings erst um 1750 in Frankreich ein. Nach Beendigung des Deutsch-Französischen Krieges im Jahr 1871 brachten Soldaten die ersten Hauskaninchen mit nach Deutschland, die schnell viele Anhänger fanden und zum Lieblingstier des „kleinen Mannes" wurden. Außerdem begannen zu jener Zeit auch in Großbritannien, Österreich und den USA zahlreiche Tierfreunde, diese Kaninchen zu halten. Das Interesse an ihnen setzte sich in den folgenden Jahrhunderten unvermindert fort, weshalb auch in heutiger Zeit noch Millionen Menschen das schöne Hobby der Kaninchenhaltung und -zucht betreiben.

Die wichtigsten Unterschiede zwischen Hasen und Kaninchen

Bei einem genauen Vergleich von Feldhasen und Wildkaninchen werden sofort mehrere Unterschiede deutlich. Das markanteste Unterscheidungsmerkmal besteht darin, dass erwachsene Hasen mit Körpergewichten von 2,5 bis 5,5 Kilogramm deutlich schwerer sind als Wildkaninchen, die nur 1,2 bis 2,0 Kilogramm wiegen. Darüber hinaus besitzt das Wildkaninchen kompakter wirkende Beine und kürzere Ohren.

Des Weiteren leben Wildkaninchen ganzjährig in kolonieartigen Verbänden zusammen und bewohnen selbst gegrabene unterirdische Baue. Hasen sind dagegen Einzelgänger, die sich nur zur Paarung zusammenfinden. Sie graben auch keine Baue, sondern nutzen lediglich flache Erdmulden, sogenannte Sassen, als Ruhe- und Schlafplätze.

Es existieren auch deutliche Unterschiede im Fluchtverhalten beider Tierarten. Während Wildkaninchen eher Kurzstreckenläufer sind, die bei drohender Gefahr versuchen, ihre Baue mit einem schnellen Sprint zu erreichen, verkörpern Hasen eher Hochgeschwindigkeitslangstreckler.

Das Wildkaninchen ist die Stammform aller Hauskaninchen. (Foto: Fotolia.com/Johannes D. Meyer)

Bei Gefahr versuchen sie, durch einen schnellen und oftmals auch sehr ausdauernden Lauf zu entkommen. Dabei schlagen sie erforderlichenfalls Haken, um so das Tempo der Verfolger zu beeinträchtigen, die sich dann immer wieder neu orientieren müssen. Gravierende Unterschiede sind auch bei den Neugeborenen vorhanden. Während die kleinen Hasen voll entwickelt mit einem weichen Fell und offenen Augen zur Welt kommen, werden junge Kaninchen nackt und blind geboren. Darauf basierend spricht man bei jungen Hasen auch vom Nestflüchter- und bei jungen Kaninchen vom Nesthockertyp.

Die Qual der Wahl

Rein biologisch betrachtet, stellt die Rasse eine Unterkategorie einer Haustierart dar. Die einzelnen Rassen unterscheiden sich vor allem in Körper- sowie Leistungsmerkmalen und manchmal auch in Verhaltensweisen. Zu den körperlichen Merkmalen gehören beispielsweise die Fellfärbung und die Haltung der Ohren. Leistungsmerkmale sind unter anderem die durchschnittliche Anzahl der Jungen pro Wurf und die für 1 Kilogramm Zuwachs benötigte Futtermenge. Unterschiedliche Verhaltensweisen äußern sich zum Beispiel in der Agilität und der Aggressivität gegenüber Artgenossen. Werden 2 Rassen miteinander gekreuzt, bezeichnet man deren Nachkommen als Hybriden, Bastarde oder Mischlinge.

Foto: Fotolia.com/yves perelli

Rasse- oder Hybridtiere?

Viele Tierfreunde, die mit der Haltung von Hauskaninchen beginnen möchten, stellen sich die Frage, ob sie Rassetiere oder Hybriden anschaffen sollten. Diese Frage lässt sich nicht pauschal beantworten, denn sowohl Rassetiere als auch Hybriden weisen neben Vorteilen auch Nachteile auf. Aus diesem Grund muss jeder Halter für sich selbst die Entscheidung treffen, welche Kaninchen er halten möchte. Die nachfolgenden Hinweise sind als Hilfe zur Entscheidungsfindung gedacht.

Rassetiere

Rassekaninchen haben den Vorteil, dass in der Regel alle Nachkommen bezüglich ihrer Körpergröße, -form, Fellfärbung sowie der Haltung der Ohren (stehend oder hängend) annähernd die gleichen Merkmale aufweisen wie ihre Eltern. Befindet sich doch einmal ein „Abweichler" unter den Nachkommen, wird dieser von den Züchtern nicht zur weiteren Fortführung der Rasse verwendet, sondern aussortiert.

Aufgrund der strengen züchterischen Auslese, die innerhalb der Rassen erfolgt, kommt es allerdings auch zu einer zunehmenden Vereinheitlichung des Erbgutes. Diese, als Homozygotie bezeichnete Vereinheitlichung kann sich beispielsweise in einer verminderten Agilität äußern.

Hybridtiere

Hybriden besitzen zumeist den Vorteil, dass sie wuchsfreudiger und weniger krankheitsanfällig sind. Gleichzeitig haben Hybriden keine schlechtere Fleischqualität und sind mindestens genauso vermehrungsfreudig wie Rassekaninchen. Des Öfteren ist bei Hybridkaninchen hinsichtlich des Körpergewichts ein sogenannter Hetrosiseffekt zu beachten. Dieser äußert sich darin, dass die Nachkommen (im ausgewachsenen Zustand) etwas schwerer sind und somit mehr Fleisch liefern als ihre Eltern.

Ein Nachteil besteht bei Hybriden häufig darin, dass in ihren Ahnenreihen recht verschieden gefärbte Exemplare vorhanden waren. Deshalb passiert es häufig, dass Hybridhäsinnen in einem Wurf Junge mit unterschiedlichen Fellfärbungen zur Welt bringen.

Möglichst fehlerfrei

Unabhängig davon, ob man sich für die Haltung von Rassekaninchen oder Hybriden entscheidet, sollte beim Erwerb der ersten Kaninchen beziehungsweise beim Zukauf von neuen Exemplaren das Exterieur (Erscheinungsbild) gründlich begutachtet werden. Manche Tiere weisen nämlich körperliche Mängel auf, die sie oftmals an die Nachkommen vererben.

Derartige Mängel/Fehler bewirken bei den Nachkommen mitunter einen schlechteren Fleischansatz, verlangsamtes Wachstum, unzureichende Deckleistungen oder sogar Erkrankungen am Skelett und den Gelenken.

Beurteilung der Kopf-Hals-Region

Bei der Auswahl eines Rammlers gilt es, darauf zu achten, dass dessen Kopf typisch

Typisch für erwachsene Rammler ist ihr gedrungener, sehr massig wirkender Kopf (links). Der Kopf der Häsin (rechts) ist dagegen deutlich graziler geformt. (Fotos: Axel Gutjahr)

männlich wirkt, also deutlich gedrungener und kürzer ist als bei einer vergleichbaren Häsin. Des Weiteren besitzen gute Rammler eine kräftiger entwickelte Wangenmuskulatur, die sich in Form stärker hervortretender Backen äußert. Ebenso ist ihr Nasenbereich breiter als bei der Häsin.

Bei manchen Rassen bilden die Rammler einen sogenannten Kinnknoten aus. Dabei handelt es sich um eine kleine, halbrunde Hautfalte am Kinn, die nicht als Fehler gilt. Dagegen stellt eine große, wulstartig herabhängende Hautfalte (Wamme), die einem Kropf ähnelt und in Richtung Hals verschoben ist, ein sehr unerwünschtes Merkmal dar.

Der Kopf der Häsin sollte im Vergleich zu dem des Rammlers eine deutlich grazilere Form aufweisen, ohne jedoch spitz auszulaufen.

Bei den Häsinnen einiger Rassen ist eine Wamme erlaubt, die aber weder zu groß noch in 2-fach gewölbter Form (Doppelwamme) vorhanden sein darf.

Beim Erwerb eines neuen Kaninchens sollte gelten – getreu dem berühmten Zitat von Humphrey Bogart im Filmklassiker *Casablanca*: „Schau mir in die Augen, Kleines." Manche Exemplare besitzen nämlich sogenannte „tränende Augen", die grobe Erbfehler darstellen. Bei den „tränenden Augen" handelt es sich um zu locker sitzende untere Augenlider, wodurch deren rötliche Bindehäute sichtbar werden. Diese Bereiche stellen ideale Eintrittspforten für winzige Fremdkörper dar, wie etwa Staub, wonach die Augen häufig tränen.

Beurteilung des Rumpfes

Der Rumpf des Kaninchens erstreckt sich vom Schultergürtel bis zum Beckenbereich. Bei Exemplaren, mit denen man große Mengen wertvoller Fleischteile erzeugen möchte, sollte der Rumpf unbedingt ein annähernd walzenförmiges Aussehen haben, wobei er sich nicht vom Schultergürtel zum Beckenbereich verbreitern darf. Die „Walzenform" lässt sich am besten in der Draufsicht beurteilen, sobald das Kaninchen eine Hockstellung einnimmt (ruhige, entspannte Körperhaltung).

Anschließend erfolgt eine Inspektion der Rückenform. Hierzu wird das Kaninchen möglichst in Augenhöhe vor dem Betrachter platziert, sodass man dessen Seitenansicht gut betrachten kann. Die Rückenlinie beginnt am Schultergürtel und verläuft idealerweise ohne anzusteigen oder abzufallen bis zur Kruppe (Gesäßregion), wo sie in die fast halbkreisartige Rundung der Keulenbereiche mündet. Häsinnen, die derartige Rundungen aufweisen, besitzen fast immer ein ideal ausgebildetes Becken, sodass beim späteren Werfen der Jungen kaum mit Komplikationen zu rechnen ist. Dagegen sind Exemplare, die einen Karpfen-, einen Senk- oder einen abfallenden Rücken beziehungsweise lockere Schultern mit einer abschüssigen Kruppe besitzen, als Zuchttiere ungeeignet:

- Unter einem **Karpfenrücken** wird eine rundliche Erhebung der Rückenlinie im hinteren Rumpfbereich verstanden.

- Beim **abfallenden Rücken** verläuft die Rückenlinie als geneigte Ebene in Richtung der Kruppe.

- Der **Senkrücken** stellt das Gegenstück zum Karpfenrücken dar. Hierbei ist zwischen dem Schultergürtel und der Kruppe eine mehr oder weniger stark ausgeprägte Delle vorhanden ist.

- **Lockere Schultern mit einer abschüssigen Kruppe** treten bei Kaninchen mit zu schwach ausgebildeter Muskulatur auf. Bei diesen Tieren trägt die Muskulatur die Last der Vorderbeide nicht im gewünschten Umfang. Sichtbar wird diese unzureichende Muskelleistung durch kleine höckerartige Erhebungen am Beginn der Rückenlinie (die Spitzen der Schulterblätter). Außerdem fällt die Kruppe oft relativ steil ab und bildet nicht die kräftigen, halbkreisartigen Rundungen (Keulen) aus wie bei Kaninchen mit einer idealen Körperform.

1.

2.

3.

4.

5.

Rückenbeurteilung bei Kaninchen.
(Grafik: Axel Gutjahr/Benno Müller)

Rot schraffiert: Abweichung von der Idealform.

1. Exemplar mit ideal geformtem Rücken
2. Tier mit loser Schulter (blau) und schwach ausgebildeter Rückenmuskulatur
3. Kaninchen mit Senkrücken
4. Tier mit Karpfenrücken – ein Teil der Rückenpartie (blau) ist hochgewölbt
5. Exemplar mit abfallendem Rücken

Beurteilung der Beine

Bei der Inspektion des Rumpfes bietet es sich an, auch die Qualität der Vorderbeine zu beurteilen. Dabei ist es wichtig, die Stellung der Pfoten in Augenschein zu nehmen. So treten Kaninchen, die einen kräftigen Bänderapparat besitzen, nur mit einem verhältnismäßig kleinen Teil ihrer Pfoten auf. Das wirkt fast so, als würden diese Tiere auf Zehenspitzen stehen. Der Fachmann bezeichnet eine derartige (erwünschte) Pfotenstellung als „Katzentritt". Dagegen wird „Bärenfüßigkeit", bei der die Kaninchen auf einem relativ großen (an Plattfüße erinnernden) Teil ihrer Pfoten stehen, als grober Fehler angesehen. Der Bänderapparat dieser Kaninchen ist deutlich zu locker und gibt deshalb stark nach. Bei der Beurteilung der Hinterfüße (Keulen) ist vor allem auf eine kräftige Muskelentwicklung zu achten.

Die 7 Abteilungen

In Deutschland sind im Jahr 2017 genau 88 Hauskaninchenrassen anerkannt, die sich auf 370 Farbschläge aufteilen. So existieren beispielsweise von der Rasse Kleinsilber (Abteilung III) die Farbschläge schwarz, blau (blaugraue Grundfarbe mit – wie bei allen Kleinsilberkaninchen – gleichmäßig verteilten einzelnen weißlichen Haaren), havanna (dunkelbraune Grundfarbe), gelb, graubraun und hell (bläulich weiße Grundfarbe). Die meisten dieser Kaninchen erweisen sich als recht anspruchslos und relativ pflegeleicht.

Zur besseren Übersichtlichkeit hat der Dachverband der Kaninchenzüchter diese 88 Rassen in 7 Abteilungen eingeordnet (siehe Tabelle 1), wobei die meisten Rassekaninchenzüchter Tiere aus den ersten 3 Abteilungen halten.

Einteilung der Rassekaninchen in Abteilungen*

Abteilung	Bezeichnung und Charakteristika der jeweiligen Abteilung	Beispielrassen
I	Große Normalhaarrassen; erwachsene Tiere müssen ein Mindestgewicht von 5,5 kg haben	Deutsche Riesenschecken, Deutsche Widder
II	Mittelgroße Normalhaarrassen; erwachsene Tiere müssen ein Gewicht von 3,75–5,5 kg aufweisen	Großchinchilla, Blaue Wiener
III	Kleine Normalhaarrassen; erwachsene Tiere müssen ein Gewicht von 2,0–3,75 kg haben	Englische Schecken, Kleinsilber
IV	Normalhaar-Zwergrassen; erwachsene Tiere dürfen nicht mehr als 2,0 kg wiegen	Hermelin, Farbzwerge
V	Haarstrukturrassen; das Fell dieser maximal 4,0 kg schweren Kaninchen glänzt seidenartig	Satin-Chinchilla, Satin-Thüringer
VI	Kurzhaarrassen, auch Rexe-Kaninchen genannt; die Felllänge dieser Kaninchen liegt unter 2 cm	Dreifarben-Schecken-Rexe, Castor-Rexe
VII	Langhaarrassen; das Fell dieser Kaninchen ist wesentlich länger als 2 cm	Angorakaninchen, Fuchskaninchen

*vom Dachverband der Kaninchenhalter festgelegt

Kleinsilber vom blauen Farbschlag.

Castor-Rexe.

Deutsche Riesenschecke.

Hermelin.

Fotos: Axel Gutjahr

Die Frage der Eigenversorgung

Falls man die Kaninchen primär zur Eigenversorgung halten will, sollte das durchschnittliche Gewicht der anzuschaffenden Tiere gebührend berücksichtigt werden. Während für eine 2- oder 3-köpfige Familie zumeist kleinere Exemplare genügen, haben sich bei mehr Verbrauchern eher mittelgroße bis große Kaninchen bewährt. Wenn sich die Anzahl der Familienmitglieder vergrößert und künftig mehr Kaninchenfleisch benötigt wird, könnte es für Halter von kleinwüchsigeren Hybridkaninchen interessant sein, in ihrem Bestand eine sogenannte Verdrängungskreuzung durchzuführen. Zu diesem Zweck muss ein neuer, reinrassiger Rammler (männliches Zuchttier) erworben werden. Dessen Gewicht sollte – um spätere Geburtskomplikationen zu vermeiden – nicht mehr als 2 Kilogramm über dem der Häsinnen liegen.

In der Grafik wird ein konkretes Beispiel für eine Verdrängungskreuzung dargestellt. Man verpaart einen 5 Kilogramm schweren Rammler der Rasse Großchinchilla mit einer Hybridhäsin, die 3,4 Kilogramm wiegt. Aus den Nachkommen sucht man die schwersten Häsinnen, die beispielsweise 3,7 Kilogramm wiegen, zur Weiterzucht aus und verpaart sie erneut mit einem reinrassigen Rammler, dessen Gewicht etwa 5,25 Kilogramm beträgt. Um Inzucht zu vermeiden, sollte man aber nicht den Vater als Paarungstier verwenden. Stattdessen nutzt man entweder einen anderen Großchinchilla Rammler oder ein Vatertier einer anderen Rasse, zum Beispiel einen Schwarzen Wiener. Aus den Nachkommen wählt man erneut die schwersten Häsinnen aus und setzt mit ihnen die Verdrängungskreuzung fort. Dieses Anpaarungsprinzip wird in den nachfolgenden Generationen so lange weitergeführt, bis die Häsinnen das angestrebte Gewicht erreichen. Anschließend kann man diese Häsinnen mit entsprechend großen Hybridrammlern verpaaren. Allerdings muss dann in der Folgezeit genau darauf geachtet werden, dass aus den Nachwuchsgenerationen keine Häsinnen zur Zucht eingesetzt werden, die rückläufige Gewichte aufweisen.

Beispielhafte Darstellung einer Verdrängungskreuzung

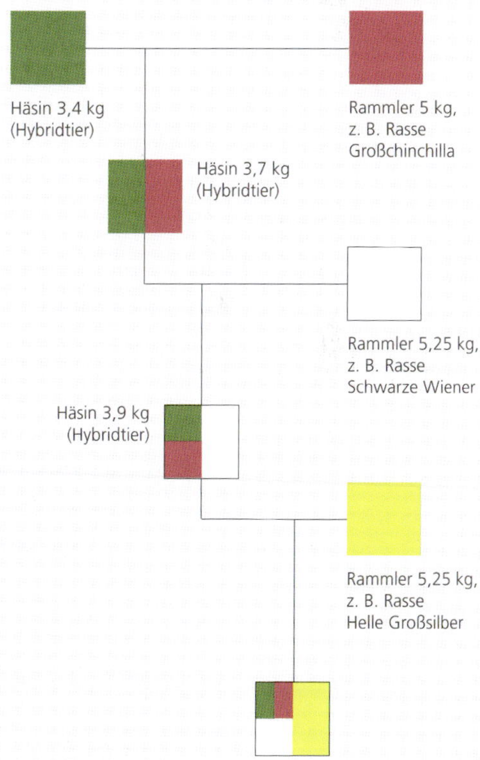

Beispiel, wie sich im Rahmen einer Verdrängungskreuzung das Gewicht von Hybridhäsinnen allmählich anheben lässt. (Grafik: Axel Gutjahr/Ina Müller)

Die Haltung

Die Haltung von Hauskaninchen kann in Einzelställen, in Laufställen und auch in Freilandgehegen erfolgen. Während die Haltung in Einzelställen am häufigsten praktiziert wird, ist die Laufstallhaltung eher für die gewerbsmäßige Kaninchenzucht typisch, bei der man innerhalb kurzer Zeit große Stückzahlen an Tieren mit einem kleinstmöglichen Arbeits- und Zeitaufwand produzieren möchte. Dagegen wird die Haltung in Freigehegen fast nur von Hobbyhaltern durchgeführt, die ihren Kaninchen etwas Gutes tun wollen, indem sie ihnen viel Auslauf verschaffen. Diese Haltungsform zielt gleichzeitig darauf ab, viele Umweltbedingungen nachzuahmen.

Foto: Fotolia.com/Paul Murphy

Der Einzelstall

Der Begriff des Einzelstalls darf nicht zu wörtlich genommen werden. So lassen sich auch wenige Kaninchen, wie beispielsweise eine Häsin mit ihren Jungen oder eine kleine Gruppe noch nicht erwachsener Geschwister, in einem Einzelstall unterbringen.

Der Laufstall

Häufig handelt es sich bei Laufställen um sehr große Räume, wie ehemalige Kuhställe oder umgebaute Scheunen, deren Böden mit einer dicken Einstreuschicht bedeckt sind, auf der sich die heranwachsenden Mastkaninchen frei bewegen können. Derartige Laufställe, in denen fast ausnahmslos Mastkaninchen gehalten werden, verfügen oft auch über einige Einzelställe für die Rammler und Zuchthäsinnen samt deren Jungen. Sobald Letztere keine Muttermilch mehr benötigen, werden sie – nach der Kastration der männlichen Exemplare – in den Laufstall gesetzt.

Ein Nachteil dieser Haltungsform besteht darin, dass nahezu alle Tiere untereinander einen sehr engen Kontakt haben. Falls einmal eine Infektionskrankheit ausbricht, erfasst diese in der Regel den gesamten Kaninchenbestand. Hinzu kommt, dass sich in derartig großen Räumen die Tiere oft recht schwer fangen lassen.

Das Freilandgehege

Die Freilandhaltung wird vor allem in der wärmeren Jahreszeit durchgeführt. Allerdings ist diese Haltungsform zumeist mit relativ hohen Baukosten verbunden, denn das Gehege muss unter anderem „ausbruchs- sowie raubwildsicher" konzipiert werden. Dafür bietet es aber auch einige Vorteile für die Kaninchen, die beispielsweise ausgiebig an der frischen Luft herumtollen können, was sowohl für ihre Gesundheit als auch ihren Appetit förderlich ist. Beim Bau eines solchen mindestens 1,80 Meter hohen Geheges, das vorzugsweise aus feinem Maschendraht besteht, gilt es vor allem zu berücksichtigen, dass Kaninchen von Natur aus gern im Boden graben. Deshalb sollte das Maschendrahtgeflecht mindestens 70 Zentimeter, besser sogar 100 Zentimeter tief in die Erde reichen, um ein Unterwühlen mit anschließender Flucht zu verhindern. Außerdem hat es sich bewährt, über das Gehege ein Netz zu spannen, das die Kaninchen vor Greifvogelattacken schützt.

Des Weiteren ist ein (mit Einstreu bestückter) Unterstand zu empfehlen, der den Tieren bei Regen sowie bei starker Sonneneinstrahlung Schutz bietet. Dabei hat es sich bewährt, diesen Unterstand auf einer podestähnlichen Erhebung zu platzieren, damit abfließendes Regenwasser nicht die Einstreu durchnässen kann.

Die Kaninchenbucht

Die am häufigsten praktizierte Form der Kaninchenhaltung erfolgt in Holzställen. Dabei handelt es sich zumeist um quaderförmige Buchten. Um sie öffnen und darin hantieren zu können, befindet sich an der Vorderfront eine mit feinmaschi-

Kaninchenbuchten im Freien. (Foto: Fotolia.com/bramgino)

gem Drahtgeflecht bespannte Tür, durch die gleichzeitig Licht eindringt. Ein großer Vorteil solcher vollhölzernen Buchten besteht darin, dass sie – anders als Modelle mit Stein- oder Betonböden – keine „Fußkälte" verströmen, denn diese mögen Kaninchen überhaupt nicht. Außerdem hat es sich bewährt, wenn die Bodenplatte jeder Bucht ganz schwach nach hinten abgeschrägt ist, sodass der Urin gut abfließen kann. Damit dieser nach außen gelangt, muss sich an der hinteren Buchtenwand eine kleine Öffnung befinden, in der ein dünnes Abflussrohr steckt. Direkt unter den Abflussrohren ist eine schmale (Dach-) Rinne zu installieren, die den abfließenden Urin aufnimmt und in einen Auffangbehälter leitet, der täglich geleert und regelmäßig gereinigt und desinfiziert wird. Zur Grundausstattung jeder Bucht gehören eine an einer Innenwand angebrachte Raufe, in die man das Heu für die Kaninchen deponiert, sowie ein geräumiger, standsicherer Futternapf, der beispielsweise aus schwerem Steingut gefertigt wurde. Kaninchenbuchten können eigentlich nie

Eine Heuraufe gehört zur Grundausstattung jeder Kaninchenbucht. (Foto: Axel Gutjahr)

zu groß, wohl aber zu klein sein. Deshalb muss man in Abhängigkeit vom Gewicht der Tiere darauf achten, dass folgende Mindestmaße eingehalten werden, die zugleich eine wichtige Voraussetzung für die artgerechte Haltung darstellen.

Notwendige Mindestgrößen der Kaninchenbucht

Rassen bzw. Gewichte der Kaninchen	Breite x Tiefe x Höhe der Bucht in cm
Große Rassen bzw. Tiere mit mehr als 5,5 kg	110 x 80 x 70
Mittelgroße Rassen bzw. Tiere mit 3,75–5,5 kg	85 x 80 x 60
Kleine Rassen bzw. Tiere mit weniger als 3,75 kg	70 x 75 x 60

Erlaubt es die Größe der Bucht, kann darin auch problemlos die Haltung von 2 Häsinnen, 2 kastrierten Rammlern, einer Häsin und einem kastrierten Rammler oder mehreren gleichgeschlechtlichen Jungtieren erfolgen. Sobald in den Gruppen halbwüchsiger Rammler erste Streitigkeiten auftreten, müssen diese Tiere getrennt oder kastriert werden. Dagegen sind deckbereite Rammler – genau wie Häsinnen, die Junge führen oder kurz vor deren Geburt stehen – einzeln zu halten.

In Buchten, die „Übergröße" aufweisen, lassen sich auch, wie oben erwähnt, mehrere Tiere unterbringen. Allerdings ist dabei die Anzahl der Kaninchen so zu bemessen, dass jedes Tier genügend Platz hat, um sich entspannt hinzulegen.

Es hat sich auch bewährt, dass Buchten, die Häsinnen als Geburtsraum beziehungsweise zur Jungenaufzucht dienen, mit einem Nist- oder Wurfkasten ausgestattet werden. Ein solcher Kasten sollte vorzugsweise ein rundliches oder rechteckiges Einschlupfloch besitzen, durch das die Häsin bequem ins Innere gelangt, um ein Nest zu bauen und die Jungen ungestört zur Welt zu bringen.

Als Einstreu für Kaninchenställe haben sich sauberes Stroh und nicht zu klein gehackte Hobelspäne bestens bewährt. Dagegen sind Sägespäne weniger geeignet, weil die Kaninchen bei intensiveren Bewegungen oft darin enthaltene winzige Partikel aufwirbeln und teilweise einatmen, wodurch Atemwegserkrankungen entstehen können. Hinzu kommt, dass feucht gewordene Sägespäne an den Beinen sowie im Fell der Kaninchen kleben bleiben.

Prinzipiell muss sich die Einstreu in den Buchten trocken anfühlen. Deshalb sollten sowohl durchfeuchtete als auch stark beschmutzte Bereiche der Einstreu stets gegen frisches Material ausgetauscht werden. Außerdem ist in 14-tägigen oder noch besser in wöchentlichen Abständen eine Komplettentmistung der Buchten mit anschließender Neueinstreu vorzunehmen.

Der richtige Standort

Wer neu in die Kaninchenhaltung einsteigen möchte, wird sich sicherlich einige Gedanken machen, wo der beste Platz zum

Empfehlenswerte Maße für Wurfkästen

Rassen bzw. Gewichte der Kaninchen	Breite x Tiefe x Höhe der Bucht in cm
Große Rassen bzw. Tiere mit mehr als 5,5 kg	40 x 60 x 45
Mittelgroße Rassen bzw. Tiere mit 3,75–5,5 kg	40 x 40 x 40
Kleine Rassen bzw. Tiere mit weniger als 3,75 kg	35 x 35 x 35

Aufstellen der Buchten ist. Aber auch für diejenigen, die bereits Kaninchenhaltung betreiben, kann es empfehlenswert sein, einmal zu überprüfen, ob die Ställe bereits optimal platziert sind oder einen neuen Standort erhalten sollten. Generell sollte die Auswahl des Standorts immer so erfolgen, dass man später alle Pflege- und Wartungsarbeiten in bequemer Körperhaltung und mit der nötigen Bewegungsfreiheit durchführen kann.

Wertvoller organischer Dünger

Der anfallende Mist aus den Kaninchenställen hat sich als hervorragender organischer Dünger erwiesen. Zum Beispiel lassen sich bei Kohlarten wesentlich höhere Erträge erzielen, wenn vor dem Pflanzen Stallmist in den betreffenden Beeten untergegraben wurde. Ein effizientes Eingraben von derartigem Mist ist allerdings oft nur vom Frühjahr bis zum Spätherbst möglich. Aus diesem Grund muss für den Mist, der im Winter anfällt, eine genügend große Lagerstätte vorhanden sein. Falls die Kapazitäten einer solchen Lagerstelle nicht ausreichen, besteht die Möglichkeit, einen Teil oder den gesamten Kaninchenmist zu kompostieren. Im Verlauf des Kompostierungsvorgangs bildet sich allmählich eine hochwertige, nährstoffreiche Erde, die eine sehr umweltschonende Wirkung aufweist.

Drinnen oder draußen?

Bei der Platzierung der Buchtenanlage in einem Gebäude gilt es darauf zu achten, dass dieses sauber, luftig (aber zugluftfrei) und nicht zu dunkel ist. Wenn gemauerte Wände vorhanden sind, empfiehlt sich vor dem Aufstellen der Buchten ein kompletter Neuanstrich mit Kalkfarbe, der alle 3 bis 4 Jahre erneuert wird. Will man die Buchten im Freien aufstellen, sollte dafür ein windgeschützter Platz gewählt werden. Außerdem muss man darauf achten, dass während der Sommermonate die Sonne nicht täglich mehrere Stunden direkt in/auf die Ställe scheint. Lässt sich eine solche Einstrahlung aufgrund örtlicher Gegebenheiten nicht vermeiden, ist es ratsam, an Tagen mit extrem hohen Temperaturen ein großflächiges Tuch (beispielsweise ein ausgedientes Bettlaken) in etwa 1 Meter Entfernung vor den Ställen aufzuspannen. Mithilfe eines solchen Sonnensegels reduziert man das „Aufheizen" in den Innenräumen der Ställe. Umgekehrt sollte im Winter – vor allem in den Nachtstunden, wenn die Temperaturen besonders stark sinken – ein Schutz gegen die Kälte erfolgen.

Zu diesem Zweck kann man eine Bastmatte oder einen großen Jutesack vor die Vorderfront der Ställe hängen. Wichtig ist dabei, dass das Material des „Schutzvorhangs" atmungsaktiv ist, damit die Kaninchen stets genügend Frischluft erhalten.

Selbst gebaut?

Ein weiterer, nicht zu unterschätzender Aspekt sind die für den Bau der Anlagen

Aufgestellte Kaninchenställe mit viel frischer Luft. (Foto: Fotolia.com/Tomas Skopal)

erforderlichen Kosten. Falls man den Bau selbst bewerkstelligen kann, fallen nur die Materialkosten an. Will man stattdessen die Anlage bauen lassen, beispielsweise von einer Tischlerei oder Zimmerei, hat es sich bewährt, im Vorfeld mehrere Kostenangebote einzuholen. Damit diese vergleichbar sind, erarbeitet man genaue Vorgaben, die den Firmen als Basis für ihre Kalkulation dienen.

Die richtige Anzahl

Die meisten Neueinsteiger werden auch Überlegungen anstellen, mit wie vielen Buchten/Tieren sie ihre Kaninchenhaltung beginnen wollen. Dabei sollten sie nicht den Denkfehler begehen, sofort alle Buchten komplett zu belegen. Stattdessen müssen freie Kapazitäten für die spätere Belegung mit Nachzuchttieren reserviert werden.

Getreu dem bekannten Motto „Aller Anfang ist schwer", kann es von Vorteil sein, mit wenigen Tieren, beispielsweise 2 bis 3 Häsinnen und einem Rammler zu beginnen. Mit fortschreitender Zeitdauer wird der Kaninchenbestand ohnehin durch die Nachzuchttiere anwachsen. Falls genügend Zeit zur artgerechten Pflege und Haltung weiterer Kaninchen vorhanden ist, besteht außerdem die Möglichkeit, zu einem späteren Zeitpunkt Erweiterungen an der Stallanlage vorzunehmen. Solche Erweiterungen können sowohl durch vertikales Aufsetzen und/oder horizontales Anbauen zusätzlicher Buchten erfolgen.

Der Futterlagerraum

Die Haltung der Kaninchen und die Lagerung des Futters und der Einstreu sollten möglichst in getrennten Räumen erfolgen, weshalb neben dem Einstreulager auch ein Futterlagerraum einzurichten ist, in den man das sogenannte Konzentratfutter am besten in einem verschließbaren Holzbehälter deponiert. Beim Konzentratfutter handelt es sich um sehr trockene Komponenten mit hohen Nährwerten, wie etwa Getreidekörner/-ähren und hart gewordene Brotreste. Kleien zählen auch zum Konzentratfutter, obwohl sie einen deutlich geringeren Nährwert als beispielsweise Getreidekörner aufweisen.

In diesem Zusammenhang sei auch darauf verwiesen, dass man keinesfalls Körner/Getreideähren einlagern sollte, die kurz zuvor einem Regenguss ausgesetzt waren. Bei derartigem nassen Futter ist die Gefahr sehr hoch, dass sich Schimmelpilze darauf ansiedeln. Letztere stellen ein Gesundheitsrisiko für die Kaninchen dar, weshalb man ihnen weder Konzentrat- noch sonstiges Futter anbieten darf, das Spuren von Schimmelpilzen aufweist.

Selbstverständlich sollten sämtliche Lagerräume keine Tummelplätze für Schadnager, insbesondere Hausmäuse und Ratten, sein. Diese Schadnager würden nicht nur Teile des Futters fressen, sondern auch die Einstreu und das Heu mit Kot und Urin verschmutzen. Außerdem fungieren sie oft als Überträger von Krankheiten. Wichtig ist in diesem Zusammenhang auch, dass dieser Raum über gut im Rahmen liegende Türen verfügt. Oft wird nämlich unterschätzt, dass sich zum Beispiel eine Hausmaus durch einen Spalt von weniger als 2 Zentimetern hindurchzwängen kann.

Am besten hat es sich bewährt, den Futterlagerraum mit einem Betonfußboden auszustatten. Dieser verhindert nicht nur, dass sich Schadnager von außen in den Lagerraum graben können, sondern er ist auch sehr leicht zu reinigen.

Für die Lagerung von Saftfutter, zu dem vor allem Möhren und Rüben gehören, eignet sich dagegen am besten eine Erdmiete. In dieser bleibt das Saftfutter sehr lange frisch und wird deshalb besonders gern gefressen. Um zu vermeiden, dass sehr starke Winterfröste dem Saftfutter eine matschige Konsistenz verleihen, kann die Erdmiete vorsorglich mit einer dicken Strohschicht abgedeckt werden.

Um die Miete, vor allem bei strengen Frösten nicht täglich öffnen zu müssen, sollten stets Futtermengen, die für 5 bis 10 Tage reichen, entnommen werden. Diese Vorräte lassen sich bis zum Verfüttern gut in einem kühlen, aber frostfreien Futterraum zwischenlagern.

Vorausschauende Planung

Die Haltung von Kaninchen sollte keinesfalls nur Mühen verursachen und mit einem dauerhaften Stress für den Besitzer einhergehen, sondern vor allem viel Spaß bereiten. Damit Letzterer nicht zu kurz kommt, hat es sich bewährt, Pläne aufzustellen, in denen man sowohl ständig anfallende als auch saisonale Arbeiten auflistet. Vor dem Erstellen eines Plans sollte man analysieren, wie viel Zeit täglich zur Verfügung steht. Dabei kann es auch sehr nützlich sein, die Arbeitsabläufe exakt zu überdenken, um eventuelle „Zeitkiller" – beispielsweise unnötig zurückgelegte Wege - zu minimieren. In der Summe kann man dadurch mitunter täglich 15 bis 20 Minuten einsparen.

Foto: Fotolia.com/lightpoet

Anfallende Arbeiten

Bei den täglich anfallenden Arbeiten nehmen zumeist die Futterbeschaffung (beispielsweise frisches Grünfutter sensen und es nach Hause bringen), die direkte Fütterung und die Versorgung mit Tränkwasser den Großteil der Zeit in Anspruch. In diesem Zusammenhang ein Tipp: Falls ein kühler, sauberer Lagerraum vorhanden ist, lässt sich in der wärmeren Jahreszeit Zeit sparen, indem man nur jeden 2. Tag (die doppelte Menge) Grünfutter holt. Den Teil des Grünfutters, der als Ration für den Folgetag gedacht ist, streut man breit auf dem Fußboden des Lagerraums aus, damit er weitgehend frisch bleibt. Dagegen ist es ungünstig, Grünfutter als Haufen zu lagern, weil es sich dann schnell erwärmt und später mit weniger Appetit gefressen wird.

Eine weitere, bei Bedarf vorzunehmende Arbeit ist das Entfernen von stark vernässter beziehungsweise verkoteter Einstreu und das Ersetzen dieses Materials. Außerdem sollte täglich ein kurzer Check durchgeführt werden, ob alle Tiere augenscheinlich gesund sind.

Zu den zeitaufwendigsten **wöchentlichen/14-tägigen Arbeiten** gehören das vollständige Entmisten und das anschließende Neueinstreuen der Buchten.

Zu den **Arbeiten, die in monatlichen oder in noch größeren Abständen** anfallen, zählt die Gesundheitspflege und dabei insbesondere das Rückschneiden zu lang gewordener Krallen.

Zu den **klassischen saisonalen Arbeiten** gehören gegebenenfalls die Heugewinnung, die Einstreubeschaffung und das Einlagern des Winterfutters.

Kaninchen beim Grünfutter-Mümmeln.
(Foto: Fotolia.com/sinelyov)

Eine weitere, in der Regel saisonale Arbeit ist das Ansetzen der Kaninchen zur Vermehrung. Diese geht oftmals mit einer Kontrolle des Zustands der Wurfkisten einher sowie den dann erforderlichenfalls durchzuführenden Reparaturen. Häufig fallen auch sekundäre saisonale Arbeiten an, zu denen unter anderem das Eingraben des gelagerten Kaninchenmists im eigenen Garten gehört.

Hinweise zur Heueinlagerung

Die meisten Kaninchenhalter gewinnen während der wärmeren Jahreszeit das erforderliche Heu selbst, wobei besonders wuchsfreudige Grünflächen gute Voraussetzungen für 3 Heuernten (Ende Mai, Mitte Juli und Ende August) pro Jahr bieten.

Das Heumachen beginnt mit dem Sensen des Grünaufwuchses, der mindestens 25–30 Zentimeter hoch sein sollte. Bei einer derartigen Länge ist weitgehend gewährleistet, dass sich das Schnittgut später gut mit dem Rechen wenden lässt. Außerdem bedeutet langes Schnittgut mehr Arbeit für die Zähne der Kaninchen, die dadurch bessere Chancen haben, gesund zu bleiben.

Wiesenheu während des Trocknungsprozesses. (Foto: Axel Gutjahr)

Anschließend bleibt das Schnittgut breit gefächert auf der Fläche liegen, damit es in den folgenden Tagen durch Sonne und Luft getrocknet wird. Um den Trocknungsprozess zu beschleunigen und gleichzeitig die Qualität des späteren Heus zu verbessern, muss in den folgenden Tagen – am besten bei vollsonnigem Wetter – ein mehrmaliges Wenden des Ernteguts mithilfe eines Rechens erfolgen.

Außerdem besteht nach einer 2-tägigen Antrocknungsphase die Möglichkeit, Gerüste (auch Reuter oder Reiter genannt) aufzustellen, auf die man das Mähgut verfrachtet. Diese Trocknungsmethode bietet den Vorteil, dass das Mähgut keinen Kontakt mehr zum Boden hat und nach einem sommerlichen Regenschauer schneller wieder trocknet, wodurch sich die Gefahr einer einsetzenden Fäulnis verringert.

Die Einlagerung des Heus erfolgt erst, wenn sich das gesamte Mähgut absolut trocken anfühlt. Wird dagegen Heu eingelagert, das eine zu hohe Restfeuchtigkeit aufweist, kommt es in dem Stapel sehr schnell zu einer intensiven Wärmeentwicklung, die im Extremfall so stark sein kann, dass sich das Heulager selbst entzündet.

Musterplan im Jahresverlauf

Im nachfolgenden Musterplan sind die wichtigsten im Jahresverlauf anfallenden Arbeiten beziehungsweise Bewirtschaftungshinweise zusammengefasst. Allerdings stellt er nur eine Basisorientierung dar, die individuell durch weitere zu erledigende (tägliche, wöchentliche) Arbeiten komplettiert werden sollte.

Januar und Februar

Der Tierbestand sollte in diesen Monaten so gering wie möglich sein, weil relativ wenig Frischfutter zur Verfügung steht. Schwergewichtige Häsinnen, deren Nachwuchs etwas länger bis zum Erreichen der Schlachtreife benötigt, lässt man zwischen Mitte Januar und Anfang Februar decken. Dagegen erfolgt das Decken mittelschwerer und kleiner Häsinnen erst zwischen Ende Februar und Anfang März.

Im Januar und Februar sollte keine Entmistung erfolgen. Stattdessen gibt man reichlich frische Einstreu über die verschmutzten Bereiche. Dadurch bilden sich sogenannte Einstreumatratzen, die einen wärmenden Effekt haben.

Außerdem sollte man Futter, das sehr wasserreich ist und deshalb leicht gefrieren kann (wie etwa Rüben), mehrmals am Tag in kleineren und daher schnell zu fressenden Portionen anbieten.

März und April

Jetzt ist eine gründliche Generalreinigung der Ställe vorzunehmen, bei der nicht nur die Einstreumatratzen entfernt werden, sondern gleichzeitig eine Desinfektion der Buchten erfolgt. Häsinnen, die bald werfen, werden Wurfkästen in ihre Buchten gegeben.

Falls Reparaturen an den Buchten nötig sind, nimmt man diese ebenfalls vor. Ende April ist eine gute Zeit, um in Stallgebäuden bei Bedarf die Wände mit einem frischen Kalkanstrich zu versehen. Außerdem sollten die Fenster in den Stallgebäuden geputzt werden. Zwischen Ende April und Anfang Mai werden die Jungen von den Häsinnen entwöhnt und in Gemeinschaftsbuchten umgesetzt.

Der Kalkanstrich

Durch einen Kalkanstrich erhält der Raum nicht nur ein freundlicheres Aussehen, sondern der Kalk wirkt auch keimtötend und trägt somit zur Gesunderhaltung des Kaninchenbestands bei.

Mai und Juni

Jetzt fällt das Grünfutter in reichlichen Mengen an. In der ersten Woche dieses üppigen Anfalls sollte man die Kaninchen langsam an die „neue" Nahrung gewöhnen und ihnen zunächst nur kleine Portionen anbieten, deren Umfang täglich gesteigert wird. Damit die Kaninchen bei den kleinen Portionen keinen Hunger leiden, füttert man noch kräftig Heu zu.

Die Jungen gewöhnen sich langsam an das neue Futter. (Foto: Benno Müller)

Nach einer Woche bis 10 Tagen stellt man komplett auf Grünfutter um. Außerdem ist gegen Ende Mai, Anfang Juni die Zeit für die erste Heumahd.

Mitte bis Ende Mai kann ein erneutes Decken der Häsinnen erfolgen. Außerdem wählen jetzt viele Halter aus Würfen, die 7 bis 8 Jungtiere umfassen, besonders kräftige, frohwüchsige Exemplare aus. Diese sollen später jene Zuchttiere ersetzen, die „in die Jahre gekommen" sind. Die ausgewählten Exemplare werden nicht zum gleichen Zeitpunkt wie ihre Geschwister abgesetzt, sondern verbleiben noch 7 Tage bei der Mutter, damit sie etwas länger in den Genuss von deren hochwertiger Milch kommen. Anschließend setzt man auch diese „Auserwählten" ab und bringt sie am besten in Gemeinschaftsbuchten unter.

Juli und August

Bei Junghäsinnen, die als neue Zuchttiere ausgewählt wurden und bereits ihren ersten oder zweiten Wurf betreuen, ist es jetzt zweckmäßig, eine Zuchtwertschätzung durchzuführen.

Diese erfolgt am besten über das Gewicht der Jungen, die hierzu alle an einem bestimmten Tag nach der Geburt (beispielsweise am 25. Lebenstag) gewogen werden. Die ermittelten Gewichte notiert man. Anschließend kann man diese Werte mit denen anderer Jungtiere vergleichen, die (1) aus einem etwa gleich großen Wurf sowie (2) vom gleichen Vatertier abstammen und (3) ebenfalls am 25. Lebenstag gewogen wurden. Stellt man dabei fest, dass die Gewichte der Jungen einer bstimmten Häsin in 2 aufeinanderfolgenden Würfen deutlich unter den Vergleichswerten der Jungen anderer Häsinnen liegen, hat es sich bewährt, das betreffende Muttertier von der Weiterzucht auszuschließen. Die Ursache für die Minderleistung besteht oft in einer Milcharmut oder die Häsin vererbt schlichtweg Faktoren, die ein zögerliches Wachstum beziehungsweise geringere Tageszunahmen bei den Jungen bewirken.

Des Weiteren ist es an der Zeit, diejenigen Exemplare, die künftig als Zuchttiere dienen sollen, in Einzel- oder Zweibuchten (Häsinnen) unterzubringen.

Außerdem erfolgt die Durchführung einer 2. und gegebenenfalls auch 3. Heuernte.

September und Oktober

Die als Winterfutter vorgesehenen Vorräte werden eingelagert. Insofern noch Reparaturarbeiten für die Winterfestmachung der Ställe erforderlich sind, sollten diese spätestens jetzt ausgeführt werden.

Falls beabsichtigt ist, einen neuen (Rasse-)Rammler für den Bestand auf einer Kaninchenausstellung zu erwerben, informiert man sich jetzt, wann und wo diese stattfinden.

November und Dezember

Bis spätestens Mitte Dezember sollte der Großteil der Mastkaninchen (Tiere, die nicht zur Zucht eingesetzt werden) geschlachtet und gegebenenfalls auch vermarktet sein. Gleiches gilt für Zuchttiere, die überaltert sind und/oder rückläufige Leistungen zeigen. Aus den unbelegten Buchten entfernt man die Einstreu und führt eine gründliche Reinigung (mit Wasser und Seifenlauge) durch. Ebenso werden alle in diesen Buchten befindlichen Ausstattungsgegenstände, wie etwa Futternäpfe, Heuraufen und Tränkflasche, gesäubert. Anschließend verbleiben die Buchten bis zur Wiederbelegung ohne Einstreu.

Vertretung bei Urlaub oder Krankheit

Bei seinen Überlegungen sollte der künftige Kaninchenhalter auch darüber nachdenken, wer die Betreuung der Tiere übernehmen könnte, wenn er verhindert ist. Diesbezüglich kann man in der Nähe wohnende Familienmitglieder, Freunde oder Nachbarn fragen, ob sie dazu bereit wären. Im Interesse aller Beteiligten hat es sich als Vorteil erwiesen, die konkreten Planungen für einen 1–3-wöchigen Urlaub bereits mehrere Monate im Voraus abzustimmen.

Die vertretende Person sollte zumindest über Grundkenntnisse der Kaninchenfütterung verfügen. Falls nicht, hat es sich bewährt, gemeinsam mit ihr mehrere Male die Fütterung durchzuführen. Damit die betreffende Person nicht noch mit zusätzlichen Problemen konfrontiert wird, sollte man außerdem den Vermehrungszeitplan der Kaninchen so gestalten, dass keine der Häsinnen während des Urlaubs ihren Nachwuchs zur Welt bringen.

So sollte eine unbelegte Bucht aussehen.
(Foto: Benno Müller)

Kleine Kaninchenkunde

Für die artgerechte Fütterung und erfolgreiche Vermehrung seiner Kaninchen sollte jeder Halter einige Grundkenntnisse über den Aufbau und die Funktionsweise des Verdauungs- sowie Genitaltraktes besitzen. Das schließt ein, dass man auch jene Verhaltensweisen kennt, die Kaninchen während der Brunst, Paarung und Betreuung ihrer Jungen zeigen. Ein derartiges Wissen hilft, zahlreiche Fehler im Umgang mit den Kaninchen zu vermeiden.

Der Verdauungstrakt

Das Gebiss

Genau wie bei allen Wirbeltieren beginnt der Verdauungstrakt auch bei den Kaninchen in der Maulhöhle, in der sich die Zähne befinden. Diesbezüglich bilden junge Kaninchen zunächst ein Milchgebiss aus, das aber schon im Alter von 3 bis 5 Wochen durch ein bleibendes ersetzt wird. In Letzterem ist die Anzahl der Zähne im Ober- und Unterkiefer nicht identisch. Während im Oberkiefer 2 große Schneidezähne und 2 dahinter befindliche Stiftzähne (bei denen es sich, rein anatomisch betrachtet, um deutlich kleinere Schneidezähne handelt) sowie 12 Backenzähne vorhanden sind, besteht das Gebiss des Unterkiefers lediglich aus 2 großen Schneidezähnen und 10 Backenzähnen.

Für die praktische Pflege der Kaninchen ist es wichtig zu wissen, dass sämtliche Zähne des bleibenden Gebisses wurzellos sind und während des ganzen Lebens wachsen. Um zu verhindern, dass sich einzelne Zähne zu regelrechten Hauern entwickeln, muss zumindest ein Teil des Futters eine sehr feste bis harte Konsistenz aufweisen, weil dadurch fast immer ein kontinuierlicher Abrieb des gesamten Gebisses gewährleistet wird.

Die Verdauung

Mit ihren Schneidezähnen, die umgangssprachlich oft als Nagezähne bezeichnet werden, beißen beziehungsweise raspeln die Kaninchen von dem Futter Teile ab, deren weitere Zerkleinerung durch die Backenzähne erfolgt. Dabei findet eine Durchmischung der Nahrung mit Speichel statt, sodass eine breiartige Masse mit guten Gleiteigenschaften entsteht. Parallel dazu setzt die Verdauung der im Futter enthaltenen Kohlehydrate ein, denn im Speichel sind auch Enzyme vorhanden, welche die dafür erforderlichen biochemischen Prozesse starten.

Über die Speiseröhre gelangt der Nahrungsbrei in den Magen, in dem er schichtartig zwischengelagert wird. Der Magen sondert nun den sogenannten Magensaft ab. Dieser ist reich an Enzymen, Pepsin und Salzsäure, wodurch eine weitere biochemische Aufschließung des Nahrungsbreis erfolgt. Dabei werden alle Komponenten des Nahrungsbreis, die direkten Kontakt zu den Magenwänden haben, zuerst aufgeschlossen und weitgehend verflüssigt. Anschließend erfolgt ein Weiterschieben des Futterbreis in Richtung Dünndarm.

Allerdings sind sowohl der Magen als auch der sich anschließende Dünndarm der Kaninchen nur mit einer doch sehr schwachen Muskulatur ausgestattet. Deren alleinige Kraft reicht nicht aus, um den Nahrungsbrei mit wellenförmigen, als Peristaltik bezeichneten Bewegungen weiterzutransportieren. Stattdessen muss die neu im Magen ankommende Nahrung das Weiterschieben unterstützen.

Aufgrund dieser anatomisch-physiologischen Besonderheit spricht man beim Kaninchen auch von einem Stopfdarm. Kommt es aufgrund von Nahrungsmangel zu einem längeren Stillstand des Futterbreis im Magen oder Darm, können physiologische Schädigungen auftreten, die für das Kaninchen tödlich enden.

Kaninchen besitzen einen sogenannten Stopfdarm. (Foto: Axel Gutjahr)

Im Dünndarm erfolgt eine Anreicherung des Verdauungsbreis mit den von Leber und Bauchspeicheldrüse ausgesonderten Flüssigkeiten. Diese tragen zur weiteren Forcierung des Verdauungsprozesses bei, wodurch zahlreiche einfache Stoffverbindungen entstehen, die der Dünndarm resorbieren kann. An den Dünndarm schließt sich der Dickdarm an, dessen erster Abschnitt der Blinddarm bildet. Der Blinddarm ist bei den Kaninchen extrem groß und fungiert als eine Art „Gärkammer,“ in der die noch festen rohfaserreichen Bestandteile des Verdauungsbreis mithilfe von Bakterien zersetzt werden. Die Aufgabe der beiden hinteren Abschnitte des Dickdarms, die als Grimm- und Mastdarm bezeichnet werden, besteht vor allem darin, dem Darminhalt möglichst viel Wasser zu entziehen. Dabei erfolgt gleichzeitig die Formung der festen, nahezu kugelförmigen Kotballen.

Äußerst vitaminreich

Außer den kugelähnlichen, festen Kotballen produzieren Kaninchen noch ein 2., breiartiges Exkrement, das als Blinddarmkot bezeichnet wird. Dieser enthält große Mengen an den Vitaminen B und K.

Um das Futter optimal verwerten zu können, müssen die Kaninchen zumindest einen Großteil ihres Blinddarmkots wieder fressen. Dieses Fressen wird von den Besitzern der Tiere fast nie registriert, weil es hauptsächlich in den Nachtstunden geschieht und außerdem die Aufnahme direkt vom After erfolgt. Bei diesem Kotfressen handelt es sich also um eine völlig normale Verhaltensweise der Kaninchen und nicht etwa um ein Indiz einer Erkrankung beziehungsweise Mangelerscheinung. Im Gegenteil, wenn man über einige Zeit die Tiere daran hindern würde, diesen Kot zu fressen, stellten sich sehr schnell Erkrankungen und Wachstumsdepressionen ein. Wenn relativ unerfahrene Kaninchenhalter Reste des Blinddarmkots an der Einstreu wahrnehmen, glauben sie oftmals, die Tiere hätten Durchfall. In Wirklichkeit sind derartige Kotreste aber häufig ein Hinweis, dass die Kaninchen zu kalorienreich gefüttert wurden. Bei genauerem Betrachten solcher Tiere stellt man dann oft fest, dass sie mehr oder weniger starke Verfettungserscheinungen aufweisen. Aufgrund ihrer Körperfülle sind diese Kaninchen deutlich ungelenkiger und gelangen deshalb mit dem Kopf nicht mehr bis zum After.

Registriert man dagegen bei normalgewichtigen Kaninchen eine häufige Verschmutzung der Einstreu mit Blinddarmkot, ist das zumeist ein Indiz für eine Wirbelsäulenerkrankung/-versteifung, die ebenfalls eine ausreichende Aufnahme des Blinddarmkots verhindert. Besonders oft treten derartige Wirbelsäulenprobleme bei Tieren auf, die in zu niedrigen Buchten gehalten werden.

Der Genitaltrakt

Wie alle Säugetiere besitzen auch die Kaninchen einen Genitaltrakt, der sich bei Rammlern und Häsinnen deutlich voneinander unterscheidet. Die wichtigsten Organe des männlichen Genitaltrakts sind die beiden Hoden, die sich bei erwachsenen Rammlern in dem am Unterbauch befindlichen Hodensack befinden. Beide Hoden bestehen zu einem Großteil aus Drüsengewebe, in dem die Produktion der auch als Spermien bezeichneten Samenfäden erfolgt. Jeder Hoden steht über einen dünnen abführenden Gang mit den angrenzenden Nebenhoden in direktem Kontakt. Über diesen abführenden Gang gelangen die Spermien in den Nebenhoden, wo ihre weitere Lagerung erfolgt. Spezielle Samendrüsen sorgen dafür, dass die Spermien im späteren Ejakulat in reichlich flüssig-gallertige Masse eingebettet sind.

Von den Nebenhoden werden die Spermien über einen weiteren dünnen Gang, den Samenleiter, in den Penis transportiert, der nicht nur zum Urinieren, sondern auch als Begattungsorgan dient.

Die Häsinnen produzieren in ihren beiden Eierstöcken die als Follikel bezeichneten Eibläschen. Vom Eierstock wandern die reifen Follikel in die trichterförmige Öffnung des Eileiters, um von dort in die Gebärmutter zu gelangen. Letztere besteht bei den Kaninchen aus 2 hornähnlich aussehenden Teilen. Diese beiden Gebärmutterhörner, die zur Aufnahme der Spermien mit jeweils einem linken sowie einem rechten äußeren Muttermund ausgestattet sind, münden in der Scheide. In der Gebärmutter findet auch die Befruchtung der Follikel statt, indem sich diese mit den Spermien vereinigen, die während der Paarung in die Scheide gelangten.

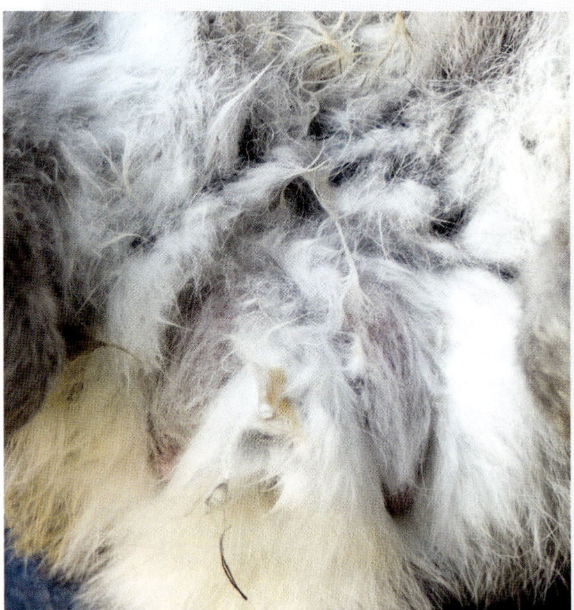

Genitalbereich eines Rammlers. (Foto: Benno Müller)

Vermehrung und Zucht

In diesem Zusammenhang sei darauf verwiesen, dass die beiden Begriffe „Zucht" und „Vermehrung" nicht nur umgangssprachlich, sondern zuweilen auch in der Fachliteratur synonym verwendet werden. Streng genommen ist das aber falsch.

Bei der Vermehrung geht es primär darum, eine größere Quantität, also mehr Tiere zu erzeugen. Dagegen ist die Zucht mehr auf eine Erhaltung oder Verbesserung bestehender Qualitäten ausgerichtet. Die Vermehrung stellt deshalb nur die Grundvoraussetzung für eine erfolgreiche Zucht dar.

Darauf basierend, lässt sich der Begriff „Zucht" bei der Kaninchenhaltung folgendermaßen definieren: die planmäßige Verpaarung von Kaninchen, die auf ein bestimmtes, zuvor festgelegtes Ziel ausgerichtet ist. Häufig besteht das Zuchtziel darin, bestimmte Körpermerkmale (beispielsweise die Fellfärbung), Eigenschaften (wie etwa Verminderung der Aggressivität gegenüber Artgenossen) und/oder Leistungen (wie benötigte Futtertage bis zur Schlachtreife) zu verbessern. Im Rahmen dieses Prozesses stellt die Auslese (Selektion) das wichtigste züchterische Element dar. Bei der Selektion geht es darum, diejenigen Individuen unter den Nachkommen zu finden, die in ihrer Merkmalsausprägung dem/den angestrebten Zuchtziel(en) am nächsten kommen.

Diese Individuen dienen als Paarungspartner in der beziehungsweise in den nächsten Generation(en). Dagegen werden Tiere, die in ihren Merkmalsausprägungen den züchterischen Ansprüchen nicht in vollem Umfang genügen, von der

Bei der Erhaltungszucht geht es darum, dass sich bestimmte Merkmale, wie etwa Körpergewicht und Fellfarbe, nicht verändern. (Foto: Axel Gutjahr)

weiteren Zucht ausgeschlossen und als Mastkaninchen gehalten. Die Erhaltungszüchtung, die vor allem bei Rassetieren zum Einsatz kommt, stellt eine Spezialform der Zucht dar. Wie es bereits die Bezeichnung andeutet, geht es bei dieser Zuchtmethode primär darum, die bestehenden Merkmale so zu erhalten, wie sie bereits in den Generationen der Vorfahren vorhanden waren. Deshalb werden bei dieser Zuchtmethode diejenigen Kaninchen von der Weiterzucht ausgeschlossen, die in ihren Merkmalsausprägungen vom vorgeschriebenen Rassestandard abweichen.

Geschlechtsreif ist nicht gleich zuchtreif

Bei den meisten Kaninchen setzt die Geschlechtsreife nach Vollendung der 10. bis 12. Lebenswoche ein. Zu diesem Zeitpunkt beginnen im Körper der Tiere hormonelle und biochemische Veränderungen abzulaufen. Während die Jungrammler von nun an ständig zeugungsfähig sind, tritt die Paarungswilligkeit bei den Häsinnen in zyklischen Abständen auf, die eine Variationsbreite von 5 bis 30 Tagen haben können. Fachmännisch wird dieser Ablauf als Brunst- oder Sexualzyklus bezeichnet. Allerdings ist bei den Kaninchen, ähnlich wie bei pubertierenden jugendlichen Menschen, die körperliche Entwicklung noch nicht abgeschlossen. Deshalb hat es sich bewährt, kleine Rassen erst ab Vollendung des 6. bis 7. Lebensmonats und mittelgroße sowie große Rassen ab dem 8. bis 9. Lebensmonat zur Vermehrung oder Zucht zu verwenden, weil ihr körperlicher Entwicklungsstand dann deutlich fortgeschritten ist. Man spricht auch davon, dass die Tiere nun die Zuchtreife erlangt haben.

Damenbesuch

Während die Rammler ständig paarungsbereit sind, tritt bei den Häsinnen die auch als Hitze bezeichnete Brunst periodisch auf. Während der Brunst sind ein Anschwellen und eine leichte Rötung der Schamlippen erkennbar. Außerdem verhalten sich die Häsinnen unruhiger, fressen schlechter und wirken aggressiver. Sobald man diese Anzeichen beobachtet, ist der Zeitpunkt günstig, die Kaninchen zur Paarung zusammenzubringen.

Obwohl es auch möglich ist, dass der Rammler die vom Besitzer festgehaltene Häsin auf einem Tisch belegt, wird diese Methode relativ selten praktiziert. Stattdessen setzen die meisten Halter beide Tiere in eine Bucht. Dabei gilt es zu beachten, dass man die Häsin, (außer wenn sich die Tiere schon seit ihrer Jugend gut kennen) grundsätzlich in die Bucht des Rammlers gibt. Durch diesen „Heimvorteil" wirken dann kaum störende Fremdeinflüsse auf den Rammler, sodass er sich gänzlich auf die Paarung konzentrieren kann. Setzt man dagegen einen unbekannten Rammler in die Bucht einer Häsin, passiert es oft, dass er anfangs intensiv weggebissen wird, wodurch bei ihm häufig eine starke Verunsicherung auftritt.

Maximal 3 Würfe pro Jahr

Um die Häsinnen nicht übermäßig zu beanspruchen, sollten sie nur 2 bis 3 Würfe pro Jahr zur Welt bringen. Dabei werden Würfe mit 6 bis 8 Jungen als ideal angesehen. Bringt eine Häsin in Ausnahmefällen mehr als 10 Jungen in einem Wurf zur Welt, hat es sich bewährt, die über dieser Grenze geborenen Jungen einer anderen Häsin (mit einem deutlich kleineren Wurf) unterzuschieben, die etwa gleichaltrigen Nachwuchs hat. Dadurch verbessern sich für die „überzähligen" Jungen die Chancen auf eine normale, zügig verlaufende Entwicklung. Gleichzeitig erhält die Mutter dieser Exemplare etwas Schonung bei der Aufzucht der restlichen Jungen.

Das Liebesspiel dauert nur wenige Minuten und ist vor allem dadurch gekennzeichnet, dass der Rammler ununterbro-

Die Paarung zweier Kaninchen. (Foto: Benno Müller)

chen versucht, die Häsin von allen Seiten zu besteigen. Die paarungsbereite Häsin unterstützt den Rammler, indem sie ihr Hinterteil leicht anhebt, damit der Penis leichter in die Scheide eindringen kann.

Nach der Paarung rollt sich der Rammler, meist begleitet von einem leichten Knurren, seitwärts von der Häsin ab, um anschließend noch ein paar Sekunden nahezu reglos liegen zu bleiben. Während dieser Zeit ist es bereits möglich, die Häsin in ihre Bucht zurückzusetzen.

In den meisten Fällen genügt ein einmaliges Bespringen durch den Rammler, um die Eizellen einer fortpflanzungsbereiten Häsin zu befruchten. Wer trotzdem auf Nummer sicher gehen möchte und ein weiteres Bespringen plant, setzt die Häsin am besten nach 10 Stunden erneut zum Rammler. Es ist auch möglich, für den 2. Sprung einen anderen Rammler zu verwenden, um so gegebenenfalls Vatertiere zu schonen, die in letzter Zeit häufig zum Decken herangezogen wurden.

Wenn es mit dem Nachwuchs nicht klappt

Wenn ein ausgewählter Rammler nachweislich zeugungsfähig ist, kann es trotzdem gelegentlich passieren, dass eine Junghäsin, die das Decken gestattet, auch nach mehrmaligem (zeitversetztem) Bespringen nicht trächtig wird. Oftmals leiden solche Häsinnen unter hormonellen oder stoffwechselbedingten Störungen oder Eierstock- beziehungsweise Gebärmuttererkrankungen.

Theoretisch könnte man einige dieser Erkrankungen mit ausgewählten Vitamin- oder Hormonpräparaten behandeln, aber in den meisten Fällen sind derartige Kuren recht kostenintensiv und deshalb vom rein ökonomischen Standpunkt nicht zu empfehlen. Hinzu kommt, dass man auch nach einer erfolgreichen Behandlung keine Gewissheit hat, ob die Fruchtbarkeitsprobleme nicht auf die Nachfolgegenerationen vererbt werden. Deshalb ist es besser, solche Häsinnen von der Reproduktion auszuschließen und fortan als Mastkaninchen zu halten.

Analog verfährt man mit Häsinnen, die gar nicht erst hitzig werden und das Bespringen durch den Rammler dauerhaft verweigern. Solche Häsinnen leiden zumeist unter einer Funktionsstörung der Hirnanhangsdrüse (Hypophyse), wodurch die Eisprünge verhindert werden. Es kann aber auch sein, dass die betreffende Häsin schlichtweg zu fettleibig ist. In diesem Fall kann man ihr eine „Abmagerungskur" verordnen. Zu diesem Zweck bietet man ihr 3 bis 4 Wochen lang nur sehr kalorienarmes Futter an. In diesem Zusammenhang sei nochmals daran erinnert, dass Kaninchen nicht völlig fasten dürfen, weil sonst die normale Funktionsweise des Stopfdarms stark beeinträchtigt wird oder sogar vollständig zum Erliegen kommt. Zeigt die Häsin nach der Abmagerungskur weder Hitze noch Interesse für den Rammler, erfolgt ihre weitere Haltung als Mastkaninchen.

Vorgetäuschte Trächtigkeit

Bei den Häsinnen handelt es sich um sogenannte provozierende Ovulierer. Das bedeutet, dass die Eisprünge durch äußere Reize, zumeist den Deckakt, ausgelöst werden. Manchmal erfolgt nach dem Deckakt keine Befruchtung, weil beispielsweise der Rammler aufgrund von Verfettung nicht zeugungsfähig ist. Falls in einer derartigen Situation keine Resorption (allmähliche Auflösung) der vorhandenen Eizellen erfolgt, täuschen manche Häsinnen eine Trächtigkeit vor. Bei einer solchen Scheinschwangerschaft verhalten sich die Häsinnen, als wenn sie trächtig wären (siehe hierzu das folgende Kapitel).

Fest steht auch, dass Häsinnen, die bereits 14 Tage nach dem Decken beginnen, sich Wolle für den Nestbau aus dem Bauchfell zu reißen, mit Sicherheit nicht trächtig sind. Stattdessen handelt es sich dabei um ein erneutes Brunstverhalten, das lediglich durch diese spezielle Verhaltensweise zutage tritt.

Häsinnen, die auch nach mehrmaligem Decken nicht trächtig werden, sollten von der Zucht ausgeschlossen werden. (Foto: Axel Gutjahr)

Trächtigkeit und Geburt

Nach einem erfolgreichen Deckakt vergehen bis zur Geburt der Jungen 31 bis 33 Tage, wobei Kleinstwürfe zumeist etwas länger ausgetragen werden. Die Tragzeit lässt sich auch mit einer Faustregel merken, die besagt, dass die Trächtigkeit eines Pferdes (rund 11 Monate) und eines Kaninchens zusammen rund 1 Jahr betragen.

Viele Züchter setzen ihre Häsinnen direkt nach dem Deckakt in die Buchten, in denen die Geburten sowie die anschließende Betreuung der Jungen erfolgen sollen. Dadurch erhalten die Häsinnen die Möglichkeit, sich in aller Ruhe an die neue Umgebung zu gewöhnen, und können später ihre gesamte Konzentration auf die Geburt sowie die Betreuung der Jungen lenken.

Die Trächtigkeit

Eine Trächtigkeit äußert sich sowohl in morphologischen als auch verhaltensmäßigen Veränderungen. Bereits nach Trächtigkeitsbeginn durchwühlen die meisten Häsinnen intensiv die Einstreu.

Diese Verhaltensweise basiert auf einem Urtrieb der Wildkaninchen, für den erwarteten Nachwuchs unterirdische Gänge anzulegen, die in einer kesselartigen Wurfhöhle münden. Das Durchwühlen der Einstreu hält mehrere Tage an. Gleichzeitig setzen auch im allgemeinen Verhalten häufig Änderungen ein. So werden Häsinnen, die sonst recht phlegmatisch sind, oft deutlich aggressiver. Dagegen zeigen ansonsten sehr temperamentvolle Tiere häufig genau entgegengesetzte Tendenzen, indem sie sich merklich ruhiger verhalten. Kaninchenfreunde, die noch nicht über größere Erfahrungen verfügen, sind zumeist beunruhigt, wenn ihre tragenden Häsinnen zeitweilig deutlich schlechter fressen. In den meisten Fällen besteht kein Grund zur Sorge: Eine zeitweilige oder wiederholt auftretende Appetitlosigkeit während der Trächtigkeit ist völlig normal. Wer seine Tiere trotzdem zum Fressen animieren möchte, sollte ihnen besondere Leckerbissen, beispielsweise Möhren oder ein paar Apfelstücke, anbieten.

In der 2. Trächtigkeitshälfte nimmt die Leibesfülle der Häsin aufgrund der in ihrer Gebärmutter zügig wachsenden Jungen deutlich zu. Etwa 7 bis 8 Tage vor dem frühesten Geburtstermin stellen viele Halter einen Wurfkasten in die Bucht der Häsin. Diesen nehmen die Häsinnen gern an, weil es in seinem Inneren sehr dunkel ist und dadurch die Wurfhöhle von Wildkaninchen imitiert wird.

Empfehlenswerte Bohrungen

Sobald sie sich im Wurfkasten befinden, schieben die meisten Häsinnen dessen rundliches Einschlupfloch mit Stroh oder Heu zu. Dadurch kann es in relativ kleinen Kisten zu Sauerstoffmangel kommen. Um dem entgegenzuwirken, sollten sich an den oberen Rändern der Kiste einige 2 bis 3 Zentimeter große Bohrungen befinden. Außerdem haben sich seitlich aufklappbare Verschlusstüren bewährt, die jederzeit eine visuelle Kontrolle des Kasteninneren ermöglichen.

Die Geburt

Ein paar Tage vor der Geburt beginnt die Häsin mit dem Nestbau, wofür sie als Basismaterial Stroh und Heu verwendet. Anschließend kleidet sie das Nestinnere mit weichen Haaren aus, die sie sich aus dem Brust-, Bauch- und Flankenfell reißt. Später ist das Einschießen der Milch und ein damit verbundenes Anschwellen der Zitzen ein sicheres Indiz, dass die Geburt unmittelbar bevorsteht.

Junge, unerfahrene Häsinnen sind bei ihren ersten Geburten mitunter noch sehr nervös. Sie neigen dann gelegentlich dazu, ihre Neugeborenen in der Bucht zu verteilen, anstatt sie in dem wärmenden Nest zu platzieren. Für die Jungen besteht in derartigen Situationen die Gefahr, dass sie unterkühlen und sterben. Um das weitgehend zu verhindern, kann es sinnvoll sein, ab dem 31. Trächtigkeitstag die Stallungen

Kaninchennest aus Bauchhaaren, Stroh und Heu. (Foto: Axel Gutjahr)

solcher Häsinnen so oft wie nur möglich zu kontrollieren. Dabei tritt man ohne hektische Bewegungen an die Bucht und spricht die Häsin leise an, damit sie nicht erschrickt und dadurch ihre Nervosität noch weiter zunimmt. Findet man Neugeborene, die in der Bucht verteilt sind, verwendet man zum Anfassen weiches Heu und legt die Kleinen vorsichtig ins Nest.

Durch die Benutzung des Heus vermeidet man, dass den Neugeborenen der menschliche Fremdgeruch anhaftet, den wiederum die Mutter als störend empfinden kann.

Es ist außerdem ganz wichtig, dass die Häsin während und nach dem Werfen der Jungen jederzeit unbegrenzt Wasser aufnehmen kann. Aus diesem Grund ist in ihrer Bucht unbedingt eine Tränke so zu installieren, dass diese – vor allem bei Berührungen durch die Häsin – nicht die Einstreu vernässen kann. Es versteht sich eigentlich von selbst, dass die Tränkflüssigkeit täglich durch frische ersetzt wird. Neben frischem Wasser eignen sich als Tränkflüssigkeiten auch lauwarmer Kamillen- sowie Anis-Kümmel-Tee.

Kaninchenmütter säugen ihre Neugeborenen innerhalb von 24 Stunden 1–2-mal, was zumeist nachts geschieht. Deshalb braucht man sich keine Sorgen zu machen, wenn die Häsin nicht die ganze Zeit bei ihren Neugeborenen verbringt.

Der Nachwuchs ist da

Die weitere Entwicklung der jungen Kaninchen verläuft wie folgt:

- Am **4. Lebenstag** erscheinen bei den bis dahin nackten Jungtieren die ersten Flaumhärchen. Bis den jungen Kaninchen jedoch ein komplettes Fell wächst, vergehen noch weitere 10 bis 12 Tage.
- Ihre Augen öffnen sich zwischen dem **9. und 10. Lebenstag**. Zu diesem Zeitpunkt werden sie auch allmählich mobiler und strampeln gelegentlich im Nest herum.
- Am **18. bis 20. Tag** nach der Geburt verlassen die Jungen erstmals das warme Nest und erkunden neugierig die Bucht. Bis zu diesem Zeitpunkt haben sie sich ausschließlich von Muttermilch ernährt. Welche enormen Mengen an Milch die Häsin in diesem Zeitraum produzieren

muss, verdeutlicht die Tatsache, dass die Jungen innerhalb der ersten Lebenswoche ihr Geburtsgewicht (das rasseabhängig 30 bis 80 Gramm beträgt) verdoppeln. Mit dem Verlassen des Nestes beginnen die Jungen, ihre Mutter „zu entlasten", indem sie in der Folgezeit neben der Milch immer mehr feste Nahrung aufnehmen. Ab diesem Zeitpunkt müssen die Futterrationen schrittweise erhöht werden. Vor allem Halter, die erst vor Kurzem mit der Kaninchenpflege begonnen haben, sind dann oft überrascht, welche enormen Futtermengen ein heranwachsender größerer Wurf täglich frisst.

Eine Gruppe halbwüchsiger Geschwister in der 10. bis 12. Lebenswoche. (Foto: Benno Müller)

- Nach **7 bis 8 Lebenswochen** sind die Jungen nicht mehr auf die mütterliche Milch angewiesen, sondern können sich komplett von festen Komponenten ernähren. Zu diesem Zeitpunkt werden sie von der Mutter abgesetzt, sollten aber noch 4 bis 5 Wochen als Geschwistergruppe zusammenbleiben.
- **12 bis 13 Wochen** nach der Geburt muss eine Trennung nach Geschlechtern erfolgen, weil sonst unerwünschte Trächtigkeiten auftreten können. Zuweilen befinden sich nämlich unter den Jungen schon einige frühreife Exemplare, die dann erstmalig kopulieren. Falls man Jungtiere an andere Halter abgeben möchte, ist jetzt ein idealer Zeitpunkt dafür.

Ein schon etwas mobiles Kaninchenbaby im Nest. (Foto: Axel Gutjahr)

Rammler oder Häsin – das ist die Frage

Ein relativ sicheres Bestimmen des Geschlechts ist beim Kaninchen ab der 4. Lebenswoche möglich. Allerdings ist dafür ein sehr geübter Blick erforderlich. Um diesen zu entwickeln, hat es sich bewährt, bei den ersten Geschlechtsbestimmungen die

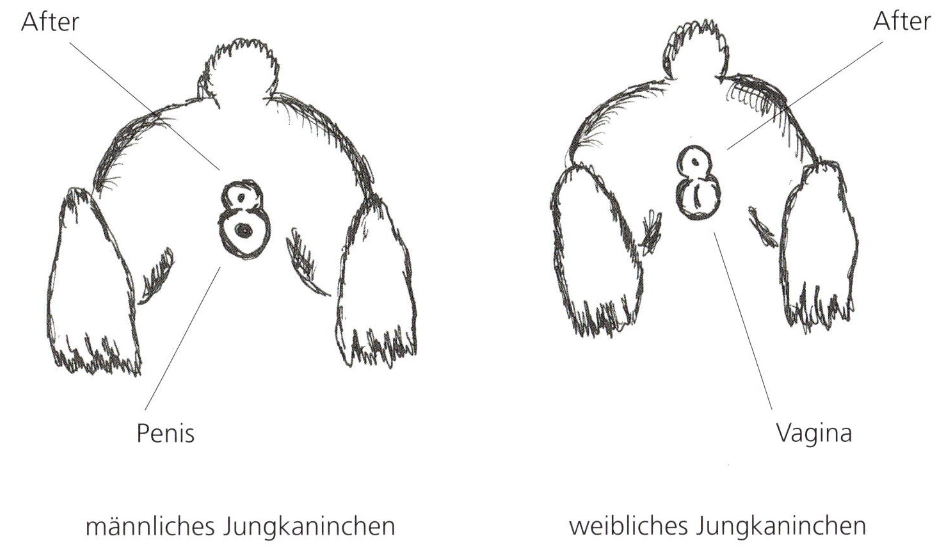

Die Geschlechtsbestimmung ist bereits ab der 4. Lebenswoche möglich. Links eine schematische Darstellung der männlichen, rechts der weiblichen Genitalregion. (Zeichnung: Axel Gutjahr)

Hilfe eines erfahrenen Kaninchenhalters in Anspruch zu nehmen.

Die Hodensäcke sind bei wenigen Wochen alten Kaninchen noch nicht sichtbar, weil sie zu diesem Zeitpunkt noch in der Bauchhöhle liegen. Erst mit der einsetzenden Geschlechtsreife senken sich die Hoden ab und sind dann sowohl sicht- als auch fühlbar. Die Bestimmung des Geschlechts führt man am besten im Sitzen durch. Man nimmt dazu das junge Kaninchen in Rücklage auf den Schoß und zieht zur Straffung die Haut um dessen Genitalien vorsichtig kopfwärts. Dadurch wird die Geschlechtsöffnung gut sichtbar. Bei der Häsin hat diese ein mehr ovales Aussehen mit einer im Zentrum befindlichen schlitzförmigen Öffnung. Beim Rammler tritt der Penis als eine kleine rundliche Ausstülpung hervor, in deren Zentrum sich eine ebenfalls rundliche Öffnung befindet.

Hinweis: Man sollte sich auch bei einem erwachsenen Rammler niemals irritieren lassen, wenn dessen Hoden plötzlich verschwunden sind. Unabhängig vom Alter sind nämlich Rammler bei Erregung beziehungsweise wenn sie Angst haben, jederzeit in der Lage, ihre Hoden durch den Leistenkanal in die Bauchhöhle zurückzuziehen.

Kleine Futterkunde

Zu Recht wird oft behauptet, dass Kaninchen sehr dankbare Kostgänger sind, die häufig als vielseitige Resteverwerter fungieren. Unabhängig davon müssen aber auch bei der Ernährung und Fütterung von Kaninchen einige Grundsätze beachtet werden, wenn diese ihr genetisch vorhandenes Leistungspotenzial im vollen Umfang ausschöpfen sollen.

Durch die aufgenommene Nahrung werden nicht nur das Wachstum beziehungsweise die Gewichtszunahme gesteuert, sondern auch das Wohlbefinden und die Gesundheit maßgeblich beeinflusst. Deshalb ist es von entscheidender Bedeutung, die Futterrationen stets so zusammenzustellen, dass eine komplette Deckung der täglichen Bedarfsmengen an Energie, Rohproteinen (Eiweißen), Vitaminen und Spurenelementen erfolgt.

Darüber hinaus sollte man die Kaninchen beim Fressen des Öfteren genauer beobachten, um individuelle Nahrungsvorlieben festzustellen. Im Interesse eines schnellen Wachstums der Tiere kann es sinnvoll sein, in die Portionen der einzelnen Kaninchen besonders gern gefressene Bestandteile zu integrieren und gleichzeitig auf weniger beliebte Komponenten zu verzichten.

Mit etwas Platz kann man selbst schöne Möhrenbeete anbauen.
(Foto: Fotolia.com/Westend61)

Hauptmahlzeit bei Dunkelheit

Kaninchen erhalten täglich 2–3-mal Futter, wobei die letzte Fütterung am späten Nachmittag oder frühen Abend erfolgt. Diese Fütterung muss besonders reichhaltig sein, denn die Kaninchen nehmen in der Zeit von etwa 7 Uhr abends bis 3 Uhr morgens die meiste Nahrung auf. Die Zeiträume, in denen die Tiere ohne Futter sind, sollten keinesfalls mehr als 15 Stunden betragen, weil es sonst bekanntlich zu einem Stillstand des Nahrungsbreis im Darm kommt. Als Folgeerscheinung gerät dann mitunter die Darmflora aus dem Gleichgewicht, wodurch im Blinddarm schaumige Fehlgärungen einsetzen. Bei derartigen Fehlgärungen entstehen binnen kürzester Zeit große Mengen an Gasen, die nicht schnell genug entweichen können und zu einem als Trommelsucht bezeichneten Aufblähen des Bauchbereichs führen. Dieser wölbt sich überdimensional hervor und fühlt sich sehr hart an.

Trommelsucht

Schon beim ersten Anzeichen einer Trommelsucht ist ein Tierarzt zu konsultieren, weil dieser gesundheitsbedrohliche Zustand bei den betroffenen Kaninchen oft und schnell zum Tod führt. Neben zu langen Wartezeiten zwischen den Fütterungen kann eine Trommelsucht auch durch größere Mengen an ungeeigneten Futtermitteln hervorgerufen werden. Deshalb sollten insbesondere stark blähende Kohlarten, wie etwa Wirsing oder Weißkohl, nur in äußerst geringen Mengen oder besser gar nicht angeboten werden. Aus dem gleichen Grund darf man den Kaninchen nie größere Mengen an Klee und Luzerne als Allein- oder Hauptfutter anbieten. Das trifft in ganz besonderem Maße zu, wenn diese Futterpflanzen noch sehr jung sind und somit viel Eiweiß, jedoch wenig Rohfaseranteile besitzen.

Der Wasserbedarf

Noch vor ein paar Jahrzehnten war es kaum üblich, dass Kaninchen ständig Zugang zu frischem Tränkwasser hatten. Stattdessen wurde zumeist behauptet, dass diese Tiere ihren gesamten Wasserbedarf über das Futter decken, was zwar manchmal, jedoch nicht immer stimmt. Beispielsweise geben säugende Häsinnen der großen Rassen täglich überdurchschnittliche Flüssigkeitsmengen ab. Als Folge steigt ihr täglicher Wasserbedarf auf 1 bis 1,25 Liter Wasser und lässt sich in vielen Fällen nicht mehr in vollem Umfang über das Futter decken.

Aber nicht nur bei säugenden Häsinnen, sondern auch bei kranken Tieren sowie bei heißen Temperaturen oder beim reichlichen Verfüttern von Nahrungskomponenten mit hohen Trockengehalten ist mitunter ein verstärktes Flüssigkeitsbedürfnis zu beobachten.

Besteht für durstige Kaninchen über längere Zeit kein Zugang zum Wasser, tritt fast immer eine rückläufige Tendenz bei den Leistungsparametern, wie etwa den durchschnittlichen Tageszunahmen, auf. Außerdem zeigen dauerhaft durstige Kaninchen oftmals ein apathisches Verhalten. Zusätzlich können Verstopfungen sowie Durchfälle auftreten und die betroffenen Tiere sind anfälliger für Krankheiten.

Das Tränkgefäß

In der Praxis hat es sich sehr bewährt, den Kaninchen Wasser in Nippeltränken anzubieten, an denen sie sich jederzeit bedienen können. Das in diesen Behältern vorhandene Tränkwasser sollte mindestens alle 2 Tage, besser sogar täglich durch frisches ersetzt werden. Dabei ist auch die Nippelsaugvorrichtung zu reinigen, um potenzielle Krankheitskeime zu beseitigen. Im Vergleich zu einem als Tränkgefäß dienenden offenen Napf besitzen Nippeltränken den Vorteil, dass das darin befindliche Wasser nicht durch die Kaninchen verschmutzt wird. Gleichzeitig besteht nicht die Gefahr, dass die Kaninchen beim Herumhoppeln im Stall die Tränke umkippen und dadurch die Einstreu vernässen.

Tränken im Winter

Die in den Wintermonaten verfütterte Nahrung weist fast immer einen geringeren Wasseranteil auf als die Sommernahrung, die mehr frisches, saftiges Grünfutter enthält. Deshalb ist es im Winter mindestens genauso wichtig wie im Sommer, dass die Kaninchen bei Bedarf Wasser aufnehmen können. Um das jederzeit zu gewährleisten, müssen die Kaninchenhalter darauf achten, dass das Wasser an sehr frostigen Tagen in den Tränkflaschen nicht einfriert. In Ställen, die sich im Freien befinden, kann man die Flaschen 3-mal täglich für 2 bis 2,5 Stunden in einen sehr warmen Raum stellen und anschließend wieder in die Buchten geben. Solche kleinen „Durststrecken" verkraften die Kaninchen problemlos. Außerdem sollte man die Tränkflaschen im Winter nur maximal zur Hälfte füllen. Bei randvoll gefüllten Flaschen ist nämlich die Gefahr weitaus größer, dass sie „zersprengt" werden, wenn infolge extremer nächtlicher Minustemperaturen das Wasser zu Eis gefriert.

Ja zum Wasser, nein zur Milch

Mancher Kaninchenhalter möchte seinen hochtragenden oder Junge führenden Häsinnen etwas Gutes tun und bietet ihnen daher Kuhmilch an. Letztere wird von den Kaninchen auch wesentlich lieber angenommen als Wasser, was jedoch vor allem am angenehmen Geschmack der Milch liegt. Allerdings kann die nette Absicht des Milch-Anbietens zuweilen sehr unangenehme Folgen für die Kaninchen haben. Da Kaninchen reine Pflanzenfresser sind, befinden sich im Verdauungstrakt der erwachsenen Tiere keine Enzyme, die die tierischen Milcheiweiße aufspalten, damit diese für den Körper verwertbar sind.

Am Außengitter der Boxen installierte Tränkvorrichtungen. (Foto: Benno Müller)

Dieser Sachverhalt erweist sich aber als das kleinere Problem. Viel gravierender ist, dass Milch, vor allem während der warmen Jahreszeit, schnell sauer wird und dann eine kritische Nahrung für die Kaninchen darstellt. Aufgenommene saure Milch führt nämlich zu einer erheblichen Beeinträchtigung der Funktionstüchtigkeit zahlreicher Darmmikroben, die für den Aufschluss der in der Nahrung enthaltenen Rohfaseranteile zuständig sind. Als Folgeerscheinungen treten oftmals Durchfälle auf, die mit einer schlechteren Futterverwertung sowie mit verminderten Gewichtszunahmen einhergehen.

Heu – mehr als nur trockenes Gras

Landläufig wird trockenes Gras als Heu bezeichnet, das zusätzlich Leguminosen- und Kräuteranteile enthält. Gutes Wiesenheu stellt eine äußerst wichtige Futterkomponente dar, weil es sehr rohfaserhaltig ist. Auf diese Weise stimuliert es die mikrobiellen Verdauungsprozesse im Dickdarm.

Neben diesem Wiesenheu stellt das Laubheu eine verhältnismäßig unbekannte Heuart dar, die sich jedoch ebenfalls als Futter für Kaninchen eignet. Insbesondere in den Wintermonaten, wenn die Variationsmöglichkeiten begrenzter sind als während der wärmeren Jahreszeit, lässt sich mit dem gelegentlichen Verfüttern von Laubheu mehr Abwechslung in den Futterplan bringen.

Ähnlich wie beim Wiesenheu handelt es sich bei Laubheu um trockenes, pflanzliches Material, das die Blätter von Laubbäumen enthält. Besonders beliebt ist das Laubheu (auch als Gemisch) von Pappeln (*Populus spec.*), Weiden (*Salix spec.*), Linden (*Tilia spec.*) und Gemeinen Eschen (*Fraxinus excelsior*), während Eichenlaub (*Quercus spec.*) nicht sonderlich gern gefressen wird.

Die Ursache dafür ist der hohe Gerbsäureanteil im Eichenlaub, der einen bitteren Geschmack bewirkt. Vom Standpunkt der Gesunderhaltung empfiehlt es sich allerdings, gelegentlich ein paar trockene Eichenblätter unter das Laubheu zu mischen, weil durch die Gerbsäuren zahlreiche schädigende Keime im Darm der

Linden gehören zu jenen Bäumen, die ein sehr gutes Laubheu liefern. (Foto: Axel Gutjahr)

Krümelverluste gering halten

Hohe Klee- oder Luzerneanteile im Wiesenheu haben den Nachteil, dass die getrockneten Blätter dieser Pflanzen beim Zusammenrechen leicht abbrechen und als hohe Krümelverluste auf den Mähflächen liegen bleiben. Deshalb bietet es sich an, den Grünaufwuchs von Flächen mit einem hohen Leguminosenanteil vorzugsweise als Grünfutter zu nutzen. Dagegen sollte die Wiesenheugewinnung möglichst auf Flächen stattfinden, die einen besonders umfangreichen Anteil wertvoller Gräser aufweisen.

Kaninchen abgetötet werden. Außerdem besteht die Möglichkeit, vor dem Verfüttern Laubheu mit getrocknetem Wiesenheu zu mischen.

Gräser, Klee und Kräuter

Während der Sommermonate lassen sich Kaninchen, die weder tragend sind noch Junge führen, zum Großteil mit Grünfutter ernähren, das aus Gräsern, Klee und Kräutern besteht. Dabei sollte man darauf achten, dass es sich bei den Gräsern um Arten aus der Familie der Süßgräser (*Poaceae* oder veraltet auch *Gramineae*) handelt, weil die meisten von ihnen sehr hochwertig sind. Solche Gräser enthalten nahezu alle Bestandteile, die für eine gesunde Ernährung der Kaninchen wichtig sind. Gleichzeitig werden diese Pflanzen aufgrund ihrer Schmackhaftigkeit gern gefressen.

Süßgräser

Für diejenigen, die eine Neuansaat oder eine Nachsaat auf ihren Wiesenflächen planen, ist es sicherlich gut zu wissen, dass die meisten Süßgräser ausgesprochen frohwüchsig sind und sehr hohe Erträge liefern. Zu den besonders wertvollen Futter(süß)gräsern gehören Wiesenfuchsschwanz, Knaulgras, Rohrglanzgras, Deutsches Weidelgras, Wiesenlieschgras und Welsches Weidelgras, die deshalb nachfolgend ausführlich vorgestellt werden.

Deutsches Weidelgras (*Lolium perenne*) wird auch als Englisches Raygras, Dauer-Lolch oder Ausdauernder Lolch bezeichnet. Es handelt sich um eine sehr blattreiche, in dichten Horsten wachsende Art, die 15 bis 75 Zentimeter hoch wird. Das Schieben der endständigen Ähren erfolgt von Mai bis Anfang Oktober. Die Ährenachse des Deutschen Weidelgrases ist mit kleinen, abgeflachten Ährchen besetzt, die im Unterschied zum Welschen Weidelgras keine Grannen haben.

Welsches Weidelgras (*Lolium multiflorum*) ist auch als Italienisches Weidelgras, Italienisches Raygras, Vielblütiges Weidelgras und als Vielblütiger Lolch bekannt. Die Wurzeln dieser Art dringen oft bis zu 1 Meter tief ins Erdreich und überstehen längere Trockenperioden fast immer unbeschadet. Die zu Horsten formierten Halme erreichen eine Höhe von 30 bis 100 Zentimeter und zeigen an ihrer Basis einen leicht rötlichen Schimmer. Von Juni bis

Ähre des Deutschen Weidelgrases. (Foto: Axel Gutjahr)

August blüht das Welsche Weidelgras. Die dann erscheinenden 10 bis 30 Zentimeter langen, endständigen Ährenstiele sind mit wechselständig angeordneten Ährchen besetzt, an denen sich kleine Grannen befinden.

Knaul- oder Knäuelgras (*Dactylis glomerata*) ist ein mehr oder weniger graugrün gefärbtes Gras, das kräftige Horste ausbildet, die zumeist 50 bis 120 Zentimeter hoch sind. Die 4 bis 10 Millimeter breiten Blätter entspringen direkt am Stängel. Im Unterschied zu den restlichen Blättern, die alle etwas zur Seite geneigt sind oder nach unten hängen, steht das oberste stets aufrecht. Von Mai bis Juli schiebt das Knaulgras seine Blüte als endständige Ripse, an deren Ästen dicke Ährenknäulchen sitzen.

Rohrglanzgras (*Phalaris arundinacea*) wird gelegentlich auch als Havelmilitz bezeichnet. In ihrem Erscheinungsbild erinnert diese zwischen 0,8 bis 2,5 Meter hoch werdende Art ein wenig an Schilf und zeigt ebenfalls eine Vorliebe für sehr feuchte, nährstoffreiche Standorte. Des Weiteren neigt sie zur Bildung von dichten Horsten und besitzt ein äußerst kräftiges Wurzelsystem. Im Unterschied zu den meisten anderen Süßgräsern verzweigen die aufrecht stehenden Halme dieser Pflanze oft im unteren Drittel. Auf den bis 1,5 Zentimeter breiten Blättern, die direkt am Stängel entspringen, erkennt man sehr deutlich mehrere Queradern. Zwischen Juni und Juli schiebt das Rohrglanzgras an den Stängelenden 10 bis 20 Zentimeter lange Blütenrispen, die sich aus mehreren wechselständigen Ährchen zusammensetzen.

Wiesenfuchsschwanz (*Alopecurus pratensis*), der Wuchshöhen von 30 bis 150 Zentimeter erreicht, wird regional auch als Rattenschwanz, Fuchswedel, Haarzieher, Esel-, Hunde- oder Roggengras bezeichnet. Die direkt am Stängel entspringenden grünen bis schwach gelblich weiß-grünen Blätter sind mit Ausnahme der Randbereiche und des Mittelstreifens von feinen Längsriefen durchzogen. Der Wiesenfuchsschwanz gehört zu den frühen Gräsern, die bereits zwischen Mai und Juni ihre Blüten schieben. Diese sind in einer nach oben und unten spitz zulaufenden Ährenrispe vereint, die bis 12 Zentimeter lang sein kann und gelegentlich einen Durchmesser von 1 Zentimeter erreicht.

Wiesenlieschgras (*Phleum pratense*), das auch als Timothee bezeichnet wird, hat eine Vorliebe für nährstoffreiche, feuchte Böden, die einen neutral oder schwach sauren pH-Wert aufweisen. Die Halme dieses Grases stehen in lockeren, 30 bis 100 Zentimeter hohen Horsten zusammen. Ganz typisch sind die zwiebelähnlichen Verdickungen, die die Halme an ihren direkt über dem Wurzelstock befindlichen Austrittstellen aufweisen. Die hellblaugrünen Blätter können bis 8 Zentimeter breit und 40 Zentimeter lang werden. Zwischen Juni und August beginnt das Wiesenlieschgras zu blühen, wobei sich die winzigen Einzelblüten in dichten, endständigen Ährenrispen vereint haben, deren Länge 5 bis 30 Zentimeter beträgt.

Auch der **Grünmais** (*Zea mais*) ist, ebenso wie alle anderen Getreidearten, eine Süßgrasart. Allerdings wächst dieses hochwertige und zugleich äußerst nahrhaftes Futter nicht „wild“, sondern wird angebaut. Aufgrund der extrem hohen Erträge lohnt sich der Anbau eigentlich immer. Zudem hat sich Grünmais als recht robust und weitgehend pflegeleicht erwiesen.

Krautige Pflanzen

Die zweifelsfrei bekannteste krautige Pflanze, die als Kaninchenfutter Verwendung findet, ist der **Löwenzahn** (*Taraxacum sect. Ruderalia*), der regional auch als Bimmbaum, Butter-, Hunde-, Ketten-, Kuh- sowie Pusteblume bezeichnet wird. Nicht wenige Kaninchenhalter nutz(t)en Löwenzahn während der Sommermonate sogar über längere Zeiträume als Hauptfutterkomponente. Dabei kann jedoch der im

Löwenzahn stellt ein gutes Futter für Mastkaninchen dar. (Foto: Axel Gutjahr)

Löwenzahn enthaltene, relativ hohe Anteil an Calcium zum Problem werden, weil sich dieser in Form von Harngrieß oder -steinen in den Nieren ablagert. Allerdings findet eine solche Harngrieß- beziehungsweise Harnsteinbildung nahezu ausschließlich bei länger gehaltenen Zuchttieren statt. Bei Mastkaninchen, die bereits nach wenigen Monaten das Schlachtgewicht erreichen, ist die Zeit zu kurz, damit sich Harnsteine oder -grieß bilden. Deshalb kann man diesen Tieren weiterhin ausgiebig Löwenzahn verfüttern.

Weitere krautige Pflanzen, die sich bei Kaninchen einer großen Beliebtheit erfreuen, sind **Schafgarbe** (*Achillea millefolium*), **Wiesenkerbel** (*Anthriscus sylvestris*), der auch als Comfrey bezeichnete **Echte Beinwell** (*Symphytum officinale*), **Melden** (*Atriplex spec.*), **Spitzwegerich** (*Plantago lanceolata*) und **Vogelmiere** (*Stellaria media*). Im Gegensatz dazu stehen **Gänseblümchen** (*Bellis perennis*), **Beifuß** (*Artemisia vulgaris*) und **Wiesensalbei** (*Salvia pratensis*) bei Weitem nicht so „hoch im Kurs".

Auch zahlreiche Küchenkräuter, die oft im Garten kultiviert werden, eignen sich als Kaninchenfutter. Hierzu gehören **Anis** (*Pimpinella anisum*), **Basilikum** (*Ocimum basilicum*), **Borretsch** (*Borago officinalis*), **Zitronenmelisse** (*Melissa officinalis*), **Kümmel** (*Carum Carvi*) und **Kerbel** (*Anthriscus cerefolium*). Wenn diese Kräuter nicht mehr für die Küche tauglich sind, weil sie beispielsweise schon Blüten schieben oder ihr Laub etwas härter geworden ist, sollte man sie also nicht in den Komposter werfen, sondern stets den Kaninchen anbieten.

Petersilie (*Petroselinum crispum*) eignet sich weniger als Futter. Sie weist einen ähnlich hohen Calciumgehalt wie Löwenzahn auf. Hinzu kommt, dass es sich bei der Petersilie um eine milchflusshemmende Pflanze handelt, die aus diesem Grund nicht in die Ration einer hochträchtigen oder Junge führenden Häsin gehört.

Ganz anders sieht es mit **frischem Winterraps** (*Brassica napus*) aus. Diese Pflanze steht als Frischfutter von Ende November bis zum Mai zur Verfügung, also in einer Zeit, in der sonstiger Grünaufwuchs recht rar ist. Außerdem wirkt Winterraps milchtreibend und bietet sich somit als Futter für hochträchtige sowie Junge führende Häsinnen an. Hinzu kommt, dass Winterraps anders als die meisten Kohlgewächse (mit denen Raps sehr eng verwandt ist) kaum Blähungen verursacht und man ihn deshalb in größeren Mengen anbieten kann.

Leckere Knabbereien

Ein Nachteil einer weitgehenden Ernährung mit Grünfutter besteht darin, dass die Zähne der Kaninchen weniger stark beansprucht werden und sich folglich nicht genug abnutzen. Um dem entgegenzuwirken, bietet man am besten alle 2 bis 3 Tage ein paar beblätterte Zweige von Pappeln, Linden, Weiden, Wein oder Eschen an, an denen die Tiere kräftig herumknabbern können.

Erbsen und Futterrüben gehören zu den sehr beliebten Futterkomponenten. (Fotos: Axel Gutjahr)

Gemüse und Obst

Zahlreiche Kaninchenhalter bauen in ihrem Garten und/oder auf einem Acker Saftfutter an, zu dem **Futter-**, **Zucker-**, **Kohl-**, **Mohr-** und **Rote Rüben** gehören. Diese Pflanzen werden vor allem in den Wintermonaten viel verfüttert. Sie stellen unter anderem eine gute Ergänzung zu Heu und frischem Winterraps dar.

Zu dem winterlichen Saftfutter gehört auch der **Markstammkohl**. Von diesem sind vor allem die dicken Schäfte beliebt, die vor dem Verfüttern halbiert oder geviertelt werden sollten.

Zu den für Kaninchen gut verträglichen Küchen- und Gartenabfällen gehören **Chicorée**, **Eisbergsalat**, **Endivien**, **Feldsalat**, **Möhrenlaub**, **Kopfsalat**, Schälreste von **Gurken** und **Zucchini**, **Schalen von Wassermelonen**, **Hülsen von frischen Erbsen** sowie **Spargel** und **Kartoffeln**. Rohe Kartoffelschalen, an denen sich keine Keime befinden, eignen sich ebenfalls als Futter; sie weisen einen hohen Nährwert auf und enthalten zahlreiche wertvolle Bestandteile. Ebenso ist es möglich, die Pellen von gekochten Kartoffeln zu verfüttern; sie haben allerdings nur noch einen sehr geringen Futterwert. Dagegen

Reife Weizenähren knabbern Kaninchen mit besonderer Begeisterung. (Foto: Axel Gutjahr)

muss das Verfüttern von ausgekeimten Kartoffelschalen unterbleiben, weil sie das Gift Solanin enthalten.

Die Strünke und Blätter von **Blumenkohl** sowie die Blätter und Schalen von **Kohlrabi** lassen sich ebenfalls verfüttern. Allerdings sollte man diese Pflanzen wegen ihrer stärker blähenden Wirkung nicht als Haupt-, sondern nur als wohldosiertes Beifutter anbieten.

Sonstige Leckerbissen

Von erntereifen **Sonnenblumen** entfernt man die Blätter und halbiert anschließend die Stängel, sodass die Kaninchen gut an das darin befindliche Mark gelangen, das gleichfalls gern gefressen wird.

Ein nicht minder beliebtes Futter stellen die Stängel und Blätter des auch als Erdbirne bezeichneten **Topinambur** (*Helianthus tuberosus*) dar.

Harte Brot- und Brötchenabfälle werden von den Kaninchen mit besonders großer Begeisterung gefressen. Trotzdem darf man derartige Reste, genau wie **Hafer-**, **Gersten-**, **Roggen-**, **Weizen-** und **Maiskörner**, nie in zu üppigen Mengen anbieten, weil es sich dabei um äußerst kalorienreiche Konzentratfuttermittel handelt, die schnell zu Verfettungen führen. Die Getreidekörner verfüttert man am besten ganz oder in gequetschter Form. Eine große Freude kann man Kaninchen mit ausgereiften Weizenähren bereiten, die die Tiere mit sichtlichem Behagen knabbern.

Neben Getreidekörnern stellen auch **Kleien**, allen voran Weizenkleie, ein gutes Futter dar. In der praktischen Fütterung werden Kleien oftmals mit gekochten Kartoffeln vermengt und in dieser Form dann angeboten.

Des Weiteren ist es möglich, getreidehaltige **Pellets** zu verfüttern, die im Fachhandel immer erhältlich sind. Dort kann man auch spezielle Mineralstoffmischungen für Kaninchen erwerben.

Die Tagesfutterration

Nachfolgend sind einige Beispiele für ausgewogene Tagesfutterrationen für mittelgroße Kaninchen zusammengestellt. Bei der Fütterung kleinerer Rassen/Hybriden kann es empfehlenswert sein, diese Rationen um 15 bis 35 Prozent zu reduzieren und für größere Tiere um etwa diese Werte zu erhöhen.

	Sommer	Winter
Pro Rammler oder Häsin (ohne Jungtiere)	➤ 200 g junges Grünfutter von einer „fetten, artenreichen" Wiese oder 200 g Grünmais ➤ 100 g Möhrenkraut oder 80 g Kartoffelschalen ➤ 80 g Haferkörner oder 80 g hartes Brot bzw. Brötchen ➤ 30 g Weizenkleie ➤ 3 g Mineralstoffgemisch (mengt man am besten in die Kleie) ➤ zusätzlich 1–2 beblätterte Pappel- oder Weidenzweige	➤ 200 g Futter- oder Mohrrüben ➤ 350 g Winterraps (als Grünfutter) ➤ 80 g gekochte Kartoffeln mit 40 g Weizenkleie und 3 g Mineralstoffgemisch vermengt
Pro Häsin in der Paarungszeit	➤ 350 g hochwertiger Grasschnitt mit Rotkleeanteil ➤ 100 g Weizenkörner ➤ 80 g Möhren ➤ 10 g Weizenkleie mit 2 g Mineralstoffgemisch vermengt	➤ 200 g Kohl- oder Rote Rüben ➤ 80 g gekochte Kartoffeln mit 2 g Mineralstoffgemisch vermengt ➤ 100 g Haferkörner oder grob geschrotete Maiskörner ➤ 80 g Heu
Pro Häsin säugend, 6 Junge, 1.–10. Tag nach dem Gebären	➤ 500 g junges Grünfutter ➤ 100 g Weizenkörner ➤ 60 g Weizenkleie mit 10 g Mineralstoffgemisch vermengt ➤ 100 g Möhrenkraut ➤ 80 g Kartoffelschalen	➤ 300 g Mohrrüben ➤ 130 g Heu ➤ 80 g Gerstenkörner ➤ 50 g Weizenkleie mit 10 g Mineralstoffgemisch vermengt
Pro Häsin säugend, 6 Junge, 11.–20. Tag nach dem Gebären	➤ 1000 g artenreiches Grünfutter ➤ 80 g Haferkörner ➤ 60 g Weizenkleie vermischt mit 10 g Mineralstoffgemisch ➤ 100 g Möhren	➤ 400 g Zuckerrüben ➤ 130 g Heu ➤ 60 g Weizenkleie mit 10 g Mineralstoffgemisch vermengt ➤ 100 g Möhren ➤ 100 g hartes Brot oder Brötchen

Gute Pflege

Verständlicherweise ist jeder Kaninchenhalter daran interessiert, dass in seinem Bestand möglichst keine Krankheiten auftreten. Um dies zu vermeiden, sind neben einer allgemein guten Stallhygiene sowie einer abwechslungsreichen, gehaltvollen Fütterung auch einige regelmäßige prophylaktische Maßnahmen beziehungsweise Tierkontrollen erforderlich.

Prophylaxe ist besser als Heilung

Bei den täglichen Fütterungen lässt sich bereits eine ziemlich genaue Begutachtung des Allgemeinzustands vornehmen. Dabei achtet man darauf, ob sich die einzelnen Tiere wie üblich verhalten. Vor allem müssen sie eine normale Agilität zeigen und das Futter gut annehmen. Parallel dazu kontrolliert man, ob der abgesetzte Kot eine veränderte Konsistenz und Färbung aufweist.

Die Fellinspektion

Alle 1 bis 2 Wochen sollte eine gründliche Fellinspektion (bei der auch die Ohren nicht vergessen werden) erfolgen. Sie dient vor allem zur Feststellung, ob sich eventuell Milben, Flöhe und sonstige Ektoparasiten auf den Kaninchen angesiedelt haben. Derartige Plagegeister halten sich oft in Falten auf, wie etwa in den bei manchen Kaninchen vorhandenen kleinen Halswammenansätzen.

Bei älteren, kränklichen oder zur Fettleibigkeit neigenden Kaninchen sollte man mindestens einmal pro Monat die sogenannten Geschlechtsecken inspizieren. Dabei handelt es sich um kleine, neben dem After befindliche Hauttaschen. Manchmal gelangen die betroffenen Tiere im Rahmen ihrer Körperpflege nicht mehr an diese Stellen, sodass sich dort aus abgestorbenen Hautzellen und Körpersekreten Verkrustungen bilden, die bei den Kaninchen Schmerzen hervorrufen und auch sehr unangenehm riechen. Nach dem Feststellen von derartigen Verkrustungen muss mehrmals täglich eine Säuberung mit Wattestäbchen erfolgen, die mit lauwarmem Wasser angefeuchtet werden, um anschließend vorsichtig über die erkrankten Bereiche zu streichen. Danach cremt man die Stellen mit ein wenig Vaseline oder einer für Kleinstkinder geeigneten Hautsalbe ein.

Alle 1 bis 2 Wochen sollte eine gründliche Fellinspektion erfolgen. (Foto: Axel Gutjahr)

Die Krallenpflege

Des Weiteren ist eine regelmäßige Kontrolle des Abnutzungsgrades der Krallen erforderlich. Falls die Krallen nicht so stark abgenutzt sind, dass sie Normallänge aufweisen, erfolgt ein Kürzen mit einer im Fachhandel erhältlichen Spezialschere. Wer noch nie eine derartige Krallenbeschneidung vorgenommen hat, sollte sich die notwendige Arbeitstechnik zunächst einmal von einem erfahrenen Kaninchenhalter zeigen lassen oder noch besser diese mit ihm gemeinsam durchführen. Besonders wichtig ist es, nicht zu tief zu schneiden, denn sonst kommt man „ins Leben", wobei die in den Krallen vorhandenen Blutgefäße und Nerven verletzt werden. Dadurch würde man den Tieren Schmerzen zufügen und Blutungen an den beschnittenen Krallen verursachen. Die Lage der Blutgefäße lässt sich gut erkennen, wenn die Krallen vor eine stark leuchtende Lampe gehalten werden.

Die Zahnkontrolle

Mindestens genauso wichtig wie die Krallenpflege ist eine regelmäßige Kontrolle der Zähne. Diese sollte bereits bei Jungtieren sehr genau erfolgen, um insbesondere Fehlstellungen der Zähne und/oder des Kiefers zu erkennen. Gelegentlich kommen Jungtiere mit einem sogenannten Hechtgebiss zur Welt. Bei diesen Exemplaren steht der Unterkiefer sehr weit nach vorn, sodass dessen Zähne über die des Oberkiefers ragen. Aufgrund der fehlenden Abnutzungen kommt es schnell zu einem überdimensionalen Wachstum der unteren Schneidezähne, die anschließend wie kleine Hauer aus dem Maul der betreffenden Kaninchen hervorstehen. Je älter Kaninchen mit Hechtgebiss werden, desto häufiger passiert es, dass ihnen Speichel aus dem Maul fließt. Außerdem zeigen die meisten dieser Tiere Fressunlust und daraus resultierend deutlich schlechtere Tageszunahmen. In Extremfällen nehmen diese Tiere sogar ab. Um Kaninchen mit einem Hechtgebiss wieder ein normales Fressen zu ermöglichen, muss ein regelmäßiges Einkürzen der Schneidezähne durch einen Tierarzt erfolgen.

Hechtgebiss bei Zuchttieren

Generell sollten Kaninchen mit Hechtgebiss oder anderen Zahnanomalien keine Verwendung als Zuchttiere finden, weil die Gefahr sehr groß ist, dass diese Deformationen in größerem Umfang auf die Nachkommen weitervererbt werden. Stattdessen ist es ratsam, solche Tiere als Mastkaninchen zu halten und, nachdem sie das erforderliche Gewicht erreicht haben, möglichst bald zu schlachten.

Deformationen am Gebiss der Kaninchen können auch durch eine nicht artgerechte Fütterung verursacht werden, falls diese über einen längeren Zeitraum erfolgt. So passiert es vor allem bei einer ständigen Fütterung mit zu weicher Nahrung sehr schnell, dass sich die Zähne nicht stark genug abnutzen. Als Folge bilden sich an den Zähnen kleine Spitzen und Haken, die der Fachmann als Malokklusionen bezeichnet. Um derartige Malokklusionen zu reduzieren, muss reichlich faserreiche Nahrung (allem voran Heu) angeboten und darauf gehofft werden, dass die Kaninchen dieses Futter auch in ausreichenden Mengen aufnehmen. Das grob strukturierte Futter bewirkt ein Abschleifen der Malokklusionen, die im Idealfall nach einiger Zeit gänzlich verschwinden. Bleibt der beabsichtigte Erfolg aus, ist es – ähnlich wie bei Kaninchen mit einem Hechtgebiss – oftmals am sinnvollsten, sie noch auf ein passables Gewicht zu mästen und anschließend zu schlachten.

Eine artgerechte Fütterung mit viel Heu wirkt Deformationen am Gebiss entgegen. (Foto: Axel Gutjahr)

Myxomatose – die Kaninchenpest

Die gefährlichste Krankheit, die in einem Kaninchenbestand auftreten kann, ist die Myxomatose, bei der die Sterblichkeitsrate 20 bis 100 Prozent beträgt. Sie wird auch als Kaninchenpest bezeichnet und durch den Virus Leporipoxvirus myxmatosis verursacht. Dessen Übertragung erfolgt durch blutsaugende Insekten, wie etwa Stechmücken und Flöhe. Die Inkubationszeit (Zeitraum von der Infizierung bis zum Auftreten der ersten Krankheitssymptome) beträgt 3 bis 9 Tage. Die betroffenen Kaninchen zeigen danach zunehmende Fressunlust und trinken kaum noch. Bei akutem Krankheitsverlauf bilden sich entzündete Schwellungen an Augenlidern, Maul und Ohren sowie am Genitalbereich. Der chronische Verlauf ist außerdem durch eine starke Pustelbildung gekennzeichnet. Bei dieser Verlaufsform kommen bei einzelnen Tieren gelegentlich Spontanheilungen vor. Eine gezielte Behandlung ist allerdings bei bereits ausgebrochener Myxomatose nicht mehr möglich. Man kann lediglich die Leiden lindern, indem man Antibiotika gegen die Sekundärentzündungen verabreicht.

Es ist jedoch möglich, die Kaninchen mit einer halbjährlich durchzuführenden Impfung vor der Myxomatose zu schützen. Eine ergänzende prophylaktische Vorkehrung besteht darin, in Sommermonaten sehr feinmaschige Insektenschutzgazen (gegen Mücken) an den Stalltüren anzubringen. Darüber hinaus sollten neu in den Bestand zu integrierende Tiere eine 14-tägige Quarantäne durchlaufen und gegen Myxomatose geimpft sein.

Optimale Verwertung

Im Unterschied zu sehr kleinwüchsigen Kaninchenzuchtformen, die als Spielkameraden für Kinder in der Wohnung gepflegt werden, handelt es sich bei den Stallkaninchen primär um Nutztiere. Deren Haltung erfolgt fast immer mit der Absicht, sie eines Tages zu schlachten, um vor allem ihr Fleisch zu verwerten. In früheren Zeiten nutzte man auch die Felle, aber wegen der extrem gesunkenen Preise auf dem Pelzmarkt lohnt sich deren Aufarbeitung kaum noch.

Die Absicht, die Kaninchen zu schlachten, bedeutet aber keinesfalls, dass die jeweiligen Halter ihre Tiere nicht mögen oder vernachlässigen. Im Gegenteil, fast alle kümmern sich sehr aufopferungsvoll um ihre Kaninchen und pflegen sie unter tierartgerechten Bedingungen. Eine solche Haltung schließt auch ein, den Kaninchen beim Schlachten den gebührenden Respekt entgegenzubringen und ihnen unnötige Schmerzen und Qualen zu ersparen. Deshalb sollten diejenigen, die noch nie Kaninchen geschlachtet haben, anfangs einen erfahrenen Halter um Hilfe bitten. Von ihm kann man auch lernen, wie das Fell richtig abgezogen, das Tier anschließend fachmännisch ausgenommen und bei Bedarf sachgerecht zerlegt wird.

Der Schlachtkörper

Der Schlachtkörper eines Kaninchens besteht im Wesentlichen aus folgenden Fleischteilen:

❶ der Kopf,
❷ 2 als Läufe oder Läufchen bezeichnete Vorderbeine,
❸ 2 Rippenstücke, diese werden oftmals an den Läufen belassen; man kann sie aber auch abtrennen und zur Zubereitung einer Bouillon (beispielsweise als Basis für eine Graupensuppe) verwenden.
❹ 2 Bauchlappen,
❺ das Rückenstück; ausgelöst wird das daran befindliche Fleisch als Filet bezeichnet,
❻ 2 als Keulen bezeichnete Hinterbeine.

Außerdem lassen sich auch die Kaninchenleber sowie die Nieren (Nierchen) verwerten.

Tipps zur Verwertung

Die Keulen und der Rücken (beziehungsweise das Filet) stellen die sogenannten Edelteile dar, die als hochwertiger Braten oder Ragout zubereitet werden. Vor dem Braten kann man diese Teile 1 bis 2 Tage lang in trockenen Rotwein oder Buttermilch einlegen, um so deren geschmackliche Qualität noch weiter zu erhöhen.

Außerdem besteht die Möglichkeit, diese Teile zu „ rohem Schinken" zu verarbeiten, indem sie zuerst in einer Lake aus gekochtem Wasser, Salz und Gewürzen eingelegt und anschließend geräuchert werden.

Die Läufe lassen sich ebenfalls als Bratenfleisch verwenden oder man nutzt sie, ähnlich wie die Rippchen, zur Zubereitung einer Bouillon. Auch das Kopffleisch eignet sich zum Kochen und nicht wenige Menschen schätzen vor allem das zarte Backenfleisch als eine besondere Delikatesse.

Aus den Bauchlappen kann man Minirouladen oder Miniwickelbraten zubereiten, in die oftmals die zuvor gut gewässerten Nierchen eingerollt werden.

Die Leber lässt sich entweder braten oder zur Herstellung von Leberwurst verwenden, die ausgezeichnet schmeckt.

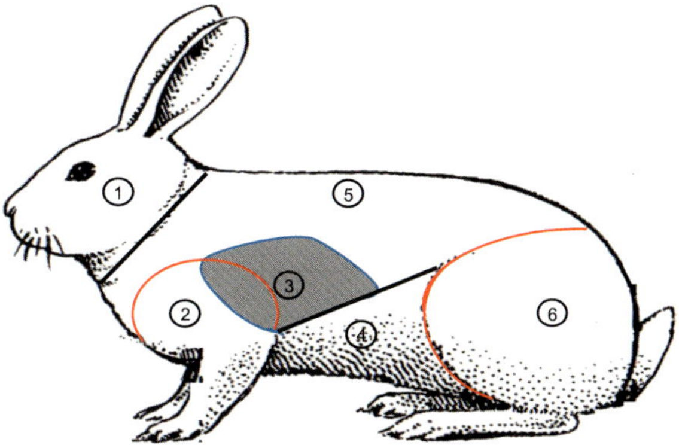

1. Kopf, 2. Läufe, 3. Rippenstücke, 4. Bauchlappen, 5. Rückenstück/Filet, 6. Keulen.
(Grafik: Axel Gutjahr/Benno Müller)

Rezept: Kaninchenleberwurst

Zutaten:

- 1 kg Kaninchenfleisch, z. B. von Bauchlappen, Brust, Läufchen und Kopf
- 2 kg fetten Schweinebauch
- 500 g Kaninchenleber; steht nicht genügend zur Verfügung, ergänzt man den Rest mit Schweineleber
- 70 g Kochsalz
- 8 g weißer, fein gemahlener Pfeffer
- 10 g getrockneter, fein gerebelter Majoran
- 2 g fein geriebene Muskatnuss

Die Kaninchenleberwurst lässt sich gut in Einmachgläsern aufbewahren. (Foto: Axel Gutjahr)

Zubereitung:

1. Das zerteilte Kaninchenfleisch wird mit dem in kleine Stücke geschnittenen Schweinebauch 1,5 Stunden lang in 2 l Wasser gekocht.
2. In einem anderen Topf köchelt man die klein geschnittenen Lebern 25 Minuten lang in etwa 500 ml Wasser.
3. Die Lebern sowie das Fleisch aus den Töpfen nehmen und gut abtropfen lassen. Achtung: Das Fleischkochwasser nicht weggießen.
4. Die Leber und das Fleisch wolfen. Dafür wird in den Fleischwolf die feinste Vorsatzscheibe eingesetzt.
5. Die gewolfte Masse vermengt man mit den restlichen Zutaten und gibt unter ständigem Rühren so viel von dem Fleischkochwasser hinzu, bis die Masse eine breiige, jedoch noch nicht auseinanderlaufende Konsistenz erreicht.
6. Anschließend die Leberwurstmasse entweder abkühlen lassen oder einkochen. Zu diesem Zweck werden herkömmliche Einweckgläser bis kurz unter den Rand mit der Masse gefüllt, verschlossen und mindestens 2 Stunden in siedendes Wasser gestellt.

Rezept: Kaninchenrostbratwürstchen

Zutaten:

- 1 kg rohes Kaninchenfleisch (ohne Knochen und Knorpel)
- 1 kg rohen, fetten Schweinebauch
- 35 g Kochsalz
- 20 g Kümmel
- 5 g weißen Pfeffer
- 5 g Majoran
- 1 rohes Hühnerei (ohne Schale)
- 100 ml Schwarzbier
- 30 g Semmelmehl
- 1 kleine geschälte Zwiebel
- zarte Naturdärme, am besten Lammdärme (als Lammsaitlinge bezeichnet), ansonsten Schweinedünndärme

Zubereitung:

1. Das Fleisch und den Schweinebauch zunächst in gulaschgroße Würfel schneiden und im Fleischwolf fein zerkleinern. Je nachdem, ob man lieber grobe oder feine Rostbratwürste bevorzugt, wählt man für den Fleischwolf eine Vorsatzscheibe mit größeren oder kleineren Löchern.
2. Die restlichen Zutaten (außer den Naturdärmen) zu dem entstandenen Mett hinzufügen und alles 2–3 Minuten kräftig mit den Händen kneten.
3. Den Wursttopfaufsatz (auch als Wurstspitze bezeichnet) auf den Wolf schieben und ein mehrere Meter langes Darmstück direkt drüberstülpen. Kleiner Tipp: Das Überschieben geht besonders leicht, wenn der Darm zuvor kurz mit kaltem Wasser durchspült wurde.
4. Als Nächstes mit einer Hand kontinuierlich das gewürzte Mett in den Wolf geben und mit der anderen Hand den sich mit Wurstmasse füllenden Darm vom Wurststopfaufsatz wegstreifen. Sobald die erste Wurst lang genug ist, wird ruckartig ein kleiner ungefüllter Darmabschnitt von dem Stopfaufsatz heruntergezogen.

Die Kaninchenrostbratwurst ist nicht nur in der Grillsaison ein Hit. (Foto: Axel Gutjahr)

5. Dies wiederholt man so lange, bis die gesamte hergestellte Wurstmasse verarbeitet ist.
6. Zum Schluss muss man nur noch die entstandene Wurstkette an den ungefüllten Darmabschnitten auseinanderschneiden – und fertig sind die Rostbratwürste.
7. Damit die Würste auf dem Rost wegen des enthaltenen Schwarzbiers nicht platzen, jede Wurst vor dem Braten an mehreren Stellen mit einer Bratengabel einstechen.

Kleines Rasselexikon

Obwohl sich dieses Buch intensiv der Haltung von Hybridtieren widmet, soll auch die Vorstellung einiger beliebter Kaninchenrassen gebührende Berücksichtigung finden – und das aus mehreren Gründen. Vielleicht möchte der eine oder andere Freund von Hybridkaninchen künftig einmal Rassetiere halten und sich diesbezüglich einen ersten Überblick verschaffen. Darüber hinaus sind die Eigenschaften und Leistungen der Rassetiere von großem Interesse, wenn man nach einem geeigneten Rammler sucht, der die eigenen Hybridhäsinnen decken soll. Letztlich bieten alle Rassekaninchen mit ihren typischen Fellfärbungen etwas „für das Auge", was für manchen Halter ebenfalls sehr wichtig ist. Bei der Zusammenstellung der Rassen für das folgende kleine Lexikon wurden bewusst nur Vertreter der großen, mittelgroßen, kleinen Normalhaarrassen und außerdem der Kurzhaarrassen ausgewählt, weil diese Kaninchen besonders häufig gehalten werden.

Deutsche Riesen (DR) – große Normalhaarrasse

Im Vergleich zu anderen Großrassen haben DR einen überdurchschnittlich hohen Futterbedarf. Rassetypisch sind ein massiger Kopf und sehr dick wirkende Ohren. Die Häsinnen müssen mindestens 5,5 Kilogramm schwer sein, wobei im Zuchtstandard kein Höchstgewicht festgelegt ist. Zuweilen wiegen die Rammler 10 Kilogramm und mehr. Die Fellfärbung kann von Grau bis Graubraun (hasenfarbig) variieren.

Deutsche Widder (DW) – große Normalhaarrasse

Das typischste Merkmal der etwas plump wirkenden DW sind ihre Hängeohren (wobei die Jungen noch mit Stehohren geboren werden) und der Ramskopf. Trotz der Länge zeigt der Körper eine gedrungene Form. Das Mindestdurchschnittsgewicht liegt zwischen 5,5 und 7 Kilogramm. Manche Exemplare werden sogar bis 9 Kilogramm schwer. DW sind sehr gute Futterverwerter, die zügig wachsen.

Alaska (Al) – mittelgroße Normalhaarrasse

Es handelt sich um eine 1907 in Gotha gezüchtete einfarbig schwarze Rasse mit gedrungenem Körper und relativ kurzen Ohren. Die Rassebezeichnung rührt daher, dass die Färbung der des Sommerfells von Alaskafüchsen ähnelt. Das Idealgewicht für die Al beträgt 3,75 bis 4 Kilogramm. Die Ställe für Al sollten keiner direkten Sonneneinstrahlung ausgesetzt sein, da sonst das Fell einen kupferroten Schimmer (Rostanflug) bekommt.

Burgunder (Bu) – mittelgroße Normalhaarrasse

Es handelt es sich um eine in Frankreich entstandene Rasse, deren Fellfärbung zu einem Gelbrot tendiert und sich deshalb deutlich von den mehr rotbraunen Roten Neuseeländern unterscheidet. Die Unterseite ist bei den Bu etwas heller. Es existieren keine weiteren Färbschläge. Bu erreichen Gewichte von 4,25 bis 5,25 Kilogramm. Der Körper ist gestreckt und die Ohren sind relativ lang. Ältere Häsinnen dürfen eine kleine Wamme haben.

Großchinchilla (GrCh) – mittelgroße Normalhaarrasse

Die Rassebezeichnung rührt daher, dass die Fellfärbung dieser Tiere an die der Chinchillas erinnert. Das rassetypische Idealgewicht der GrCh beträgt 4 bis 5,5 Kilogramm. Das Fell besteht aus bläulich schimmernden, hellaschgrauen, schwarz-weißen und schwarzen Haaren, wodurch vielfältige Schattierungen entstehen. Großchinchillas zeichnen sich durch eine sehr hohe Fruchtbarkeit und ausgeglichene Wurfgrößen aus.

Helle Großsilber (HGrS) – mittelgroße Normalhaarrasse

HGrS wurden in Frankreich herausgezüchtet. Die Tiere haben einen kräftigen Kopf und relativ kurze Ohren. Ihr Idealgewicht beträgt 4 bis 5,5 Kilogramm. Die Silberung des Fells entsteht durch das Zusammenspiel von grauen und (deutlich weniger) schwarzen Haaren. Jungtieren wächst zunächst ein völlig schwarzes Fell, das erst später aussilbert. Bei den HGrS handelt es sich um eine agile, sehr fruchtbare Rasse.

Rote Neuseeländer (RN) und Weiße Neuseeländer (WN) – mittelgroße Normalhaarrassen

Diese im Idealgewicht 3 bis 5 Kilogramm schweren Rassen entstanden nicht in Neuseeland, sondern in Kalifornien. RN haben ein rotes (rotbraunes) Fell. Der Kopf ist kräftig und die Ohren sind relativ kurz.

Weiße Neuseeländer (WN) sind kein Farbschlag der RN, sondern eine eigenständige Rasse. WN haben ähnliche Gewichte wie RN, wirken jedoch gedrungener und muskulöser als diese.

Thüringer (Th) – mittelgroße Normalhaarrasse

Die im Idealgewicht 3,5 bis 4,25 Kilogramm schweren Th weisen eine gelbbraune bis gelbrote Rückenfärbung auf. Flanken, Teile des Kopfes und der Ohren tendieren zu Schwarzbraun. Insbesondere ältere Exemplare besitzen oft ein nachgedunkeltes Fell. Allgemein lässt sich sagen, dass das Fell der Th im Herbst die beste Färbung hat. Th verkörpern eine robuste, frühreife Rasse mit gutem Futterverwertungsvermögen.

Weißgrannen (WG) – mittelgroße Normalhaarrasse

Bei den WG handelt es sich um eine relativ junge Rasse, die erst seit 1956 anerkannt ist. Von ihr existieren die Farbschläge Schwarz, Braun und Blau. Das Idealgewicht liegt in einer Spanne von 3,5 bis 4,25 Kilogramm. Bei den WG handelt es sich um eine sehr vitale, frohwüchsige Rasse, die sich außerdem als guter Futterverwerter erwiesen hat. Bei der Haltung in Ställen, die im Freiland platziert sind, sollten die WG keiner längeren direkten Sonneneinstrahlung ausgesetzt sein, weil ihr Fell sonst oft einen Rostanflug bekommt.

Weiße Wiener (WW) – mittelgroße Normalhaarrasse

Bei sämtlichen „Wienerkaninchen", zu denen die Weißen, Blauen, Blaugrauen und Schwarzen Wiener gehören, handelt es sich um eigenständige Rassen und nicht um Farbschläge. Das Idealgewicht der WW, deren Anerkennung als Rasse 1930 erfolgte, beträgt 3 bis 5 Kilogramm. Typisch sind der massige Kopf, die kurzen, fleischigen Ohren und der muskulöse Körper. WW verkörpern eine agile Rasse mit guter Wirtschaftlichkeit.

Deutsche Kleinwidder (DKlW) – kleine Normalhaarrasse

Die DKlW, die ein Idealgewicht von 3 bis 3,5 Kilogramm erreichen sollen, sind seit 1973 bekannt. Im Wesentlichen stellt der Kleinwidder eine „Miniausgabe" des Deutschen Widders dar. DKlW haben einen gedrungenen Körperbau und einen relativ großen Kopf. Ihre Fellfärbung erstreckt sich von Grau- und Brauntönen bis zu Scheckenvarianten. DKlW zeichnen sich durch große Würfe, gutes Aufzuchtvermögen und Wuchsfreudigkeit aus.

Englische Schecken (ESch) – kleine Normalhaarrasse

ESch sollen 2,5 bis 3,25 Kilogramm wiegen. Die Körperzeichnung der Englischen Schecken ähnelt der von Deutschen Riesenschecken. Während sich bei Letzteren die Seitenflecken nur auf Hüften und Oberschenkel befinden, beginnt das als Kette bezeichnete Punktmuster der ESch hinter den Ohren. Es erstreckt sich über die Flanke bis zum Oberschenkel. ESch gibt es mit schwarzem, blauem, braunem sowie schwarzbraunem Muster.

Holländerkaninchen (H) – kleine Normalhaarrasse

Beim H handelt es sich um 2,5 bis 3,25 Kilogramm schwere Schecken mit symmetrischem Zeichnungsmuster. Dieses umfasst die Ohren und mündet in 2 Kopfplatten, die die Augen umschließen. Außer an Spitzen und an den Hinterläufen ist diese Färbung auch an der hinteren Körperhälfte vorhanden. Dadurch entsteht der Eindruck, als wären die H mit Mütze, Hemd und Hose bekleidet. H gibt es in zahlreichen Farbschlägen.

Kleinchinchilla (KlCh) – kleine Normalhaarrasse

Die Fellfärbung der häufig gehaltenen 2,75 bis 3,25 Kilogramm wiegenden KlCh gleicht der von Großchinchillas. KlCh besitzen einen gedrungenen Körper und relativ kurze Ohren. Ihre dunkelbraunen Augen stellen einen kräftigen Kontrast zur Fellfarbe dar und erscheinen deshalb größer. Das Fell der Jungtiere ist blauschwarz und verfärbt sich erst später chinchilla farbig.

Kleinsilber gelb (KS) – kleine Normalhaarrasse

Es handelt sich um eine 2,5–3,25 kg Rasse, die aus Großbritannien stammt und deren Vorfahren, die Gervaise Markham, bereits 1631 erstmals erwähnt wurden. Kleinsilber gibt es in zahlreichen Farbschlägen, von denen einer „Gelb" ist. Die Silberung entsteht durch relativ wenigen, grauweißen Haaren, die minimal aus dem Fell herausragen. Kleinsilber-Kaninchen haben einen kräftigen Körperbau und relativ kurze Ohren. Hervorzuheben ist das lebhafte Temperament dieser Rasse.

Marburger Feh (MF) – kleine Normalhaarrasse

Die Rassebezeichnung dieser 2,25 bis 2,75 Kilogramm schweren Tiere setzt sich aus Marburg, dem Ort der Erstzüchtung, und dem Fell des Sibirischen Eichhörnchens zusammen, das Kürschner[1] „Feh" nennen. Bei den MF ist ein kurzer, gedrungener Körper erwünscht. Den Jungtieren wächst zunächst ein hellgraues Fell, das erst zwischen der 6. und 8. Lebenswoche den für die Alttiere typischen, ganz schwachen Braunschimmer annimmt.

1 Ein Kürschner ist ein Handwerker, der aus Fellen z. B. Mäntel und Mützen herstellt.

Russen-Kaninchen (R) – kleine Normalhaarrasse

Die oft als Russen bezeichneten Russenkaninchen stammen nicht aus Russland, sondern aus Großbritannien, wo diese 2–2,25 kg schwere Rasse um 1850 entstand. Die typischen Merkmale dieser Tiere sind ein weißes Fell mit blauen oder schwarzen Ohren. Läufe, Schwanz sowie Maul- und Nasenbereich sind ebenfalls blau oder schwarz gefärbt. Ganz charkteristisch für Russen sind die roten Augen. Die Rasse der Kalifornier weist eine identische Zeichnung auf, wird aber mit 4–5 kg deutlich schwerer.

Separator (Sep) – kleine Normalhaarrasse

Die Sep wurden erst 1989 als Rasse anerkannt. Es handelt sich um 2,5 bis 3,5 Kilogramm schwere Kaninchen mit einer außergewöhnlichen Fellfärbung. Sie haben größtenteils sandfarbiges Fell, das fehfarbigen (lichtblauen) Anflug aufweist. Andere Farbvarianten des Separators existieren nicht. Typisch sind ein gedrungener Körper und kurze, fleischig wirkende Ohren. Des Weiteren bilden die Sep gut bemuskelte Läufe aus.

Gelb-Rexe (GRexe) – Kurzhaarrasse

Das Fell der GRexe ist, wie bei allen Kurzhaarrassen, nicht so lang wie bei den Normalhaarkaninchen. Die einzelnen Haare erreichen lediglich eine Länge von 17 bis 20 Zentimeter, wodurch sich das Fell fast plüschartig anfühlt. Die Fellfärbung der GRexe ähnelt der von Roten Neuseeländern sowie von Sachsengold-Kaninchen. Der lang gestreckt wirkende Körper soll vorn und hinten gleich breit sein. GRexe müssen ein Mindestgewicht von 2,5 Kilogramm aufweisen, wobei das Idealgewicht 3,25 bis 4,5 Kilogramm beträgt.

Lux-Rexe (LRex) – Kurzhaarrasse

Genau wie bei den Gelb-Rexen beträgt das Idealgewicht der LRex 3,25 bis 4,5 Kilogramm. Die Fellfärbung ist ein helles Silberblau, durch das aus unteren Fellschichten eine hellrotbraune Zwischenfarbe schimmert. Diese hellrotbraune Färbung tritt am Genickkeil intensiver hervor und lässt diesen fast einfarbig erscheinen. Wie bei allen Rexe-Rassen gilt eine kleine, wohlgeformte Halswamme bei älteren Häsinnen nicht als Zuchtfehler.

Register